Tatort Statistik

Joel Best

Tatort Statistik

Wie Sie zweifelhafte Daten und fragwürdige
Interpretationen erkennen

Aus dem Amerikanischen übersetzt von Thomas Filk

Titel der Originalausgabe: Stat Spotting. A Field Guide to Identifying Dubious Data

Die amerikanische Originalausgabe ist erschienen bei University of California Press, Berkeley, Los, Angeles, London

© 2008 The Regents of the University of California
Published by arrangement with University of California Press

Wichtiger Hinweis für den Benutzer

Bibliografische Information der Deutschen Nationalbibliothek
Die Deutsche Nationalbibliothek verzeichnet diese Publikation in der Deutschen Nationalbibliografie; detaillierte bibliografische Daten sind im Internet über http://dnb.d-nb.de abrufbar.

Springer ist ein Unternehmen von Springer Science+Business Media
springer.de

© Spektrum Akademischer Verlag Heidelberg 2010
Spektrum Akademischer Verlag ist ein Imprint von Springer

10 11 12 13 14   5 4 3 2 1

Planung und Lektorat: Frank Wigger, Bettina Saglio
Lektorat: Dr. Anna Schleitzer
Satz: klartext, Heidelberg
Umschlaggestaltung: wsp design Werbeagentur GmbH, Heidelberg

ISBN 978-3-8274-2523-2

Statistiken, die gar nicht erst erstellt
werden, lügen auch nicht.

Stephen Colbert

Inhalt

Teil 3

Teil 1

Zum Auftakt

A

Zweifelhafte Zahlen

Die Milliarde ist die neue Million. Es gab eine Zeit, da war eine Million unglaublich viel. Im 19. Jahrhundert übernahmen die Amerikaner die französische Bezeichnung *millionnaire* für besonders Reiche mit dem erstaunlichen Vermögen von über einer Million Dollar. Im Jahre 1850 gab es insgesamt 23 Millionen Amerikaner, und bei der Volkszählung im Jahre 1880 erwies sich New York (in jenen Tagen gleichzusetzen mit Manhattan; Brooklyn war noch eine unabhängige Stadt) als erste Millionenstadt der Vereinigten Staaten.

Zu Beginn des 21. Jahrhunderts wirkt eine „Million" längst nicht mehr so überwältigend. Es gibt heute Millionen von Millionären. (Nach einer jüngeren Schätzung verfügen rund neun Millionen Haushalte in den Vereinigten Staaten über ein Nettovermögen von mehr als einer Million Dollar, die Wohnsitze selbst nicht mitgerechnet).[1] Der Wert vieler Häuser wird auf über eine Million Dollar geschätzt. Die Reichsten der Reichen sind heute Milliardäre, und selbst die sind gar nicht mehr so dünn gesät. Ein Besitz von einer Milliarde Dollar genügt nicht einmal mehr, um sich auf der vom *Forbes*-Magazin erstellten Liste der vierhundert reichsten Amerikaner zu platzieren. Es gibt Personen mit einem jährlichen *Einkommen* von über einer Milliarde Dollar.[2] Wenn es um die Volkswirtschaft eines Landes geht, den Staatshaushalt oder die Staatsverschuldung, rechnet man gar in Billionen (Millionen Millionen) Euro oder Dollar.

Von solchen Zahlen schwirrt der Kopf. Eine Million ist vielleicht noch fassbar, doch Milliarden und Billionen sind nahezu unvorstellbar. Vor derart schwindelerregenden Zahlen kapitulieren wir leicht: Sind nicht alle großen Zahlen (alle über 100 000 etwa) mehr oder weniger gleich und bezeichnen einfach nur *sehr viel*?

Alle großen Zahlen auf diese Weise in einen Topf zu werfen, macht es leichter und gleichzeitig schwerer, das Tagesgeschehen zu verfolgen. Leichter wird es, weil wir die großen Zahlen auf eine sehr einfache Weise interpretieren können. Aussagen wie „Nach öffentlichen Schätzungen sterben pro Jahr weltweit nahezu drei Millionen Menschen an AIDS" oder „Rund eine Milliarde Vögel stirbt jährlich durch Zusammenstoß mit Glasscheiben" übersetzen wir einfach damit, dass es *sehr viele* AIDS-Tote gibt und dass *sehr viele* Vögel an Fensterscheiben sterben.

Interpretieren wir jedoch alle großen Zahlen einfach nur im Sinne von „*sehr viele*", haben wir es schwerer, ernsthaft über ihre Bedeutung nachzudenken. Das ist nur ein Grund dafür, dass Statistiken uns in die Irre leiten können – was wir tunlichst vermeiden sollten. Wir leben in einer großen, komplizierten Welt, und wir brauchen Zahlen, um in diese Komplexität eine gewisse Ordnung zu bringen. Versagt unser Schulsystem? Was sollten wir gegen den Klimawandel tun? Wenn wir in solchen Fragen sachlich urteilen wollen, müssen wir uns von persönlichen Erfahrungen und Eindrücken lösen. Wir brauchen quantitative Anhaltspunkte, also Zahlen; wir brauchen Statistiken. Nicht jede Statistik aber ist gleich gut fundiert. Manche Zahlen, die uns vorgesetzt werden, sind ziemlich genau, andere wieder sind wilde Spekulation. Es wäre zu wünschen, die einen von den anderen unterscheiden zu können.

Dieses Buch kann dabei helfen. In meinen früheren Büchern – *Damned Lies and Statistics* und *More Damned Lies and Statistics* – habe ich gezeigt, wie man kritisch an Statistiken herangehen kann.[3] Dabei habe ich dafür plädiert, die Zahlen, auf denen statistische Angaben fußen, immer in ihren sozialen Zusammenhang zu stellen. Wer sind die Leute, die diese Zahlen berechnet haben? Was wurde gezählt? Wie wurde gezählt? Weshalb hat sich überhaupt jemand die Mühe gemacht zu zählen? Mit anderen Worten, diese Bücher waren eher theoretisch. Es ging mir um die sozialen Hintergründe, die zu einer Statistik führen und durch die wir auf die Statistik aufmerksam gemacht werden. Im Gegensatz dazu ist das vorliegende Buch eher praktisch ausgerichtet. Betrachten Sie es als eine Art „Bestimmungsbuch" zum Aufspüren zweifelhafter Zahlen, als einen Leitfaden zur Identifikation Verdächtiger direkt am „Tatort Statistik". Ich zähle Ihnen eine Reihe typischer Probleme mit den Zahlen auf, die wir alltäglich in den Medien finden, und für jedes dieser Probleme gebe ich ein Beispiel. Viele dieser Fehlerquellen habe ich in den beiden früheren Büchern schon erwähnt; in dem vorliegenden Leitfaden gruppiere ich sie aber um die zutiefst praktischen Fragen, die Sie sich stellen könnten, wenn Sie versu chen, eine gerade entdeckte Statistik auf ihren Wahrheitsgehalt zu prüfen. Abgesehen davon finden Sie in diesem Buch zur Illustration der Probleme ausschließlich neue Beispiele, die in keinem meiner früheren Bücher erwähnt wurden.

Der rote Faden dieses Buches ist meine Überzeugung, dass viele der Statistiken, denen wir im Alltag begegnen, ernsthafte Mängel aufweisen. Dieser Punkt ist wichtig, weil wir Zahlen gerne mit Fakten gleichsetzen und statistische Informationen für besonders genau halten. Wenn das nicht zutrifft – wenn also viele Statistiken tatsächlich fehlerhaft sind –, brauchen wir Anhaltspunkte, um den Wert von Daten einzuschätzen. Wir müssen verstehen, weshalb unseriöse Statistiken ihren Weg in die Medien finden, auf welche Weise die Zahlen möglicherweise verfälscht wurden und woran wir die Sinnhaftigkeit einer Zahl zu messen haben. In diesem Buch geht es mir nicht um eine allgemeine Diskussion der Glaubwürdigkeit von Zahlenmaterial, sondern darum, auf häufige Schwächen der Zahlen aufmerksam zu machen, denen wir in den Nachrichten begegnen.

Ich bin Soziologe, und daher beziehen sich die meisten Beispiele auf gesellschaftliche Fragen. Ein Wirtschaftswissenschaftler hätte vermutlich ökonomische Statistiken ausgesucht. Die Probleme und Prinzipien, die ich anspreche, lassen sich jedoch für beliebige Statistiken verallgemeinern.

Das Buch ist in übergeordnete Abschnitte geteilt, von denen sich jeder auf eine grundlegende Frage konzentriert (etwa „Wer hat gezählt?" oder „Was wurde gezählt?"). Innerhalb jedes Abschnitts identifiziere ich damit im Zusam-

menhang stehende Fehlerquellen und entwickle daraus
eine Reihe von Verdächtigen (Anhaltspunkte dafür, dass
bestimmte Zahlen an dem betreffenden Problem leiden
könnten), nach denen Sie Ausschau halten können. Außerdem verdeutliche ich den jeweiligen Fehler immer an
einem treffenden Beispiel. (Manche Beispiele könnten
gleich für mehrere Probleme herhalten, worauf ich Sie an
geeigneten Stellen hinweise.) Ich hoffe, dieses Buch wird
Ihnen eine praktische Hilfe dabei sein, die Statistiken von
Medien, Wortführern von Kampagnen, Politikern oder
anderweitigen öffentlichen Verfechtern von Ansichten, die
Sie von irgendetwas überzeugen wollen, kritischer zu beurteilen. Bevor wir jedoch im Einzelnen auf die Gründe
eingehen, aus denen Daten und Zahlen fragwürdig sein
können, betrachten wir einige statistische Eckpfeiler –
allgemeine Richtwerte, die uns bei der Beurteilung anderer
Statistiken helfen können.

Anmerkung des Übersetzers: Obwohl das in diesem Buch zitierte Datenmaterial,
der Herkunft des Autors gemäß, vorrangig (wenn nicht anders vermerkt) aus
den USA stammt, sind die Schlussfolgerungen problemlos zu verallgemeinern.
An geeigneten Stellen, insbesondere in einem Kasten zu Abschnitt B1, wurden
statistische Daten aus Deutschland ergänzt.

B

Allgemeine Hintergründe

Wenn wir uns einen kleinen Vorrat von Faktenwissen zulegen, sind wir bestens gerüstet, kritisch über Statistiken nachzudenken. Einige wenige Zahlen und eine wichtige Faustregel genügen zur Orientierung, um auf die Suche nach verdächtigen Daten zu gehen.

B1 | Richtwerte

Bei der Einschätzung sozialer Statistiken sollten wir eine grobe Vorstellung von den Größenordnungen haben, um die es geht. Wir brauchen nur wenige Zahlen als geistige Anhaltspunkte zur Beurteilung anderer Zahlen. Geht es zum Beispiel um die Vereinigten Staaten – wie bereits gesagt, lässt sich das Prinzip sinngemäß auf beliebige Gesellschaften oder anderweitige Probleme übertragen –, so ist es hilfreich, Folgendes zu wissen:

- In den USA leben etwas mehr als 300 Millionen Einwohner. (Vielleicht erinnern Sie sich an das Medienspektakel, als die magische Grenze gegen Ende 2006 erreicht wurde.)

- Jedes Jahr werden in den USA ungefähr 4 Millionen Babys geboren (2004 waren es insgesamt 4 112 052).[1] Diese Information ist erstaunlich ergiebig, besonders, wenn es um junge Leute geht. Wie viele Erstklässler gibt es? Ungefähr 4 Millionen. Wie viele Amerikaner sind weniger als 18 Jahre alt? Ungefähr 18 mal 4 Millionen oder 72 Millionen. Bei jungen Menschen sind die Geschlechter noch ziemlich gleichmäßig verteilt, sodass wir von ungefähr 2 Millionen 10-jährigen Mädchen ausgehen können, usw.

- Jährlich sterben rund 2,4 Millionen Amerikaner (im Jahr 2004 wurden 2 397 615 Todesfälle gemeldet), etwas mehr als ein Viertel davon an einem Herzleiden (im Jahr 2004 waren es 27,2 %) und nahezu ebenso viele an Krebs. Das heißt, etwas mehr als die Hälfte aller Todesfälle (1 206 374 im Jahre 2004, also 50,3 %) geht entweder auf Krebs oder ein Herzleiden zurück. Im Vergleich dazu sind viele andere Todesursachen, auch wenn sie größeres Aufsehen erregen, weitaus seltener: Beispielsweise starben im Jahre 2004 ungefähr 43 000 Personen durch einen Verkehrsunfall, 40 000 an Brustkrebs, 32 000 durch Selbstmord, 17 000 wurden ermordet und 16 000 starben an AIDS. Das bedeutet, jeder dieser einzelnen Faktoren ist für ungefähr 1 bis 2 % aller Todesfälle verantwortlich.[2]

- Statistiken in Bezug auf Rassenzugehörigkeiten oder ethnische Verteilungen sind sehr kompliziert, da diese Kategorien nicht exakt definiert sind. Sich selbst als Schwarze oder Afroamerikaner bezeichnen etwas weniger als 13 % der Bevölkerung, das ist etwa jeder achte Einwohner. (Da die Gesamtbevölkerung der Vereinigten Staaten rund 300 Millionen beträgt, gibt es ungefähr 40 Millionen Afroamerikaner, denn 300 Millionen : 8 = 37,5 Millionen.) Den Hispanics/Latinos ordnen sich etwas über 14 % (rund jede siebte Person) zu. Die Einteilung in Ethnien oder Rassen ist aber nicht so einfach. Die meisten behördlichen Erhebungen in den Vereinigten Staaten zählen die Hispanics als ethnische Gruppe und nicht als Rasse, denn Hispanoamerikaner identifizieren sich selbst mit unterschiedlichen Rassen. In einer Pressemitteilung 2007 verkündete die Volkszählungsbehörde (U.S. Census Bureau, vergleichbar mit dem Bundesamt für Statistik), dass in den Vereinigten Staaten ungefähr ein Drittel der Bevölkerung „Minderheiten" angehöre, genauer: Die „Nicht-Hispano/Latino-", reinrassige weiße Bevölkerung mache 66 % der Gesamtbevölkerung aus.[3] Man beachte die doppelt ungeschickte Wortwahl: „Nicht-Hispano/Latino" wurde benutzt, weil sich einige Personen selbst als Hispanics bezeichnen, gleichzeitig aber auch zur weißen Rasse zählen; „reinrassig", weil manche Personen eine gemischte Abstammung (etwa mit indianischen Vorfahren) angeben. Mit anderen Worten: Die Behörde zählt zu den Minderheiten auch Personengruppen, die sich selbst als weiß bezeichnen. Es gibt, wie gesagt, keine eindeutige, allgemein anerkannte Einteilung nach Rassen und Ethnien. Trotzdem kann eine grobe Vorstellung von der ethnischen Zusammensetzung und Rassenzugehörigkeit der Bevölkerung der Vereinigten Staaten nützlich sein.

Wozu brauchen wir diese Liste statistischer Eckdaten für die Gesamtbevölkerung der Vereinigten Staaten? Wir brauchen sie, um andere Zahlen im passenden Zusammenhang sehen zu können. So sollten sofort alle Warnglocken ertönen, wenn Zahlen einer Statistik beim Vergleich mit solchen Eckwerten unverhältnismäßig klein oder groß erscheinen. Normalerweise können wir davon ausgehen, dass Schwarzamerikaner ein Achtel jeder denkbaren Gruppe der Gesamtbevölkerung ausmachen: ein Achtel aller College-Studenten, ein Achtel aller Häftlinge usw. Wenn wir dann erfahren, dass der tatsächliche Anteil der Schwarzamerikaner in einer bestimmten Gruppe höher oder niedriger ist, sagt das etwas über die Bedeutung der Rassenzugehörigkeit für diese spezielle Gruppe aus.

Man muss sich nicht alle diese Zahlen merken, denn sie sind leicht zugänglich. Eine sehr ergiebige Quelle ist in den USA der jährliche *Statistical Abstract of the United States*, in Deutschland das Statistische Jahrbuch. Solche Berichte sind im Internet zugänglich, aber natürlich gibt es auch gedruckte Ausgaben.[4] Gleichgültig, ob Sie sich diese Zahlen merken können oder bei Bedarf nachschauen müssen – sie helfen Ihnen, Statistiken kritisch zu bewerten. In diesem Buch werden wir häufig von diesen Eckwerten Gebrauch machen (und es werden noch weitere hinzukommen).

Zahlen und Fakten für Deutschland

- In Deutschland leben etwas mehr als 80 Millionen Menschen. (Genauer gesagt: Im ersten Quartal 2009 ist die Bevölkerungszahl des wiedervereinigten Deutschlands erstmals seit ihrem

Höchststand im Jahr 2002 unter die 82-Millionen-Grenze gefallen, für März 2009 gibt das Statistische Bundesamt die Zahl 81,9 Millionen an.)

- Jährlich werden in Deutschland ungefähr 700 000 Babys geboren (2008 waren es 682 514, 2009 schätzungsweise nur noch 645 000–660 000.) Also gibt es in Deutschland knapp eine dreiviertel Million Erstklässler, ungefähr 350 000 10-jährige Mädchen und grob überschlagen 12,5 Millionen (18 × 700 000) Kinder und Jugendliche unter 18 Jahren.

- Jährlich sterben in Deutschland reichlich 800 000 Menschen (844 439 im Jahr 2008). Knapp die Hälfte der Todesfälle (im Jahr 2008 exakt 356 729 Fälle oder 42 %) werden durch Erkrankungen des Kreislaufsystems verursacht, etwas mehr als ein Viertel (26 %, 221 920 Fälle) entfallen auf Krebs. Das heißt, rund zwei Drittel aller Todesfälle haben mit bösartigen Tumoren oder Herz-Kreislauf-Erkrankungen zu tun. Im Vergleich dazu sind viele andere Todesursachen, auch wenn sie größeres Aufsehen erregen, weitaus seltener: Im Jahr 2008 starben 4 774 Personen (0,6 %) durch einen Verkehrsunfall, 17 354 (2 %) an Brustkrebs, 9 451 (1,1 %) durch Selbstbeschädigung (Suizid), 443 (0,05 %) wurden ermordet (davon 57 erschossen) und 443 (0,05 %) starben an AIDS.

- Unter den 82 119 776 Einwohnern der Bundesrepublik Deutschland im Jahr 2008 waren die Frauen leicht in der Überzahl (41 881 181, das sind 51 %). 7 248 337 Einwohner (knapp 9 %) waren nichtdeutscher Nationalität. Auf die alten Bundesländer (ohne Westberlin) entfielen 65 612 697 Einwohner (80 %), auf die neuen Bundesländer (ohne Ostberlin) 13 082 440 Einwohner (16 %) und auf Berlin 3 424 639 (4 %). Über 90 Jahre alt waren 519 089 Einwohner (0,6 %); die absolute Zahl der Angehörigen dieser Altersgruppe ist damit im Vergleich zu 1980 (158 011 über 90-Jährige) um mehr als das Dreifache gestiegen.

(Quelle aller angegebenen Daten: Gesundheitsberichterstattung des Bundes (www.gbe-bund.de, Stand 9. April 2010), ein gemeinsames Angebot des Robert-Koch-Instituts und des Statistischen Bundesamtes. Umfangreiches Datenmaterial gibt es im Statistischen Jahrbuch, jährlich herausgegeben vom Statistischen Bundesamt und online kostenlos einzusehen unter www.destatis.de.)

Achtung, aufgepasst!
Zahlen, die im Widerspruch zu den Eckwerten stehen

Beispiel: Zu Tode geprügelt

Auf einer Webseite heißt es für die USA: „Mehr als vier Millionen Frauen werden jährlich von ihren Ehemännern oder Freunden zu Tode geprügelt."[5] Ein Blick auf unsere Eckdaten sagt uns sofort, dass diese Zahl nicht richtig sein kann. Bei ungefähr 17 000 Fällen von Mord oder Todschlag jährlich ist es unmöglich, dass Millionen von Frauen durch Schläge ums Leben kommen. Tatsächlich übersteigen die vier Millionen sogar die Sterberate von insgesamt 2,4 Millionen pro Jahr – unabhängig von der Todesursache. Welche Gründe den Verfasser der Webseite zu diesem Fehler getrieben haben, weiß ich nicht, aber es steht außer Zweifel, dass die Zahl einfach falsch sein muss.

Dieser offensichtlichen Übertreibung zum Trotz habe ich die Zahl auf einer zweiten Webseite wiedergefunden. Statistiken, gute genauso wie schlechte, werden gerne zitiert, und Menschen nehmen Zahlen für Fakten. Irgendjemand, so sagen sie sich, wird die Zahl schon ausgerechnet haben, warum sollte man sie dann überprüfen, selbst wenn sie offenbar allen Richtwerten widerspricht? Weder derjenige, der die Zahl von vier Millionen in die Welt gesetzt hat, noch derjenige, der sie übernommen hat, scheint sich jedenfalls gefragt zu haben, ob diese Zahl die Gesamtzahl der Todesfälle überschreitet. Allzu bereitwillig werden scheinbare Fakten unhinterfragt wiederholt. Aus diesem Grund führen falsche Zahlen ein beharrliches Eigenleben: Sie werden wieder und wieder zitiert, auch lange nachdem sie eindeutig als falsch überführt wurden. Das gilt besonders im Zeitalter des Internets, wo sich Informationen sehr leicht verbreiten lassen. Eine schlechte Statistik ist schwerer aus der Welt zu schaffen als ein Vampir.

B2 | Je schlimmer, desto seltener

Neben unserer kleinen Liste statistischer Richtwerte ist es ganz nützlich, sich eine Faustregel zu merken: Ereignisse sind im Allgemeinen umso unwahrscheinlicher, je schlimmer sie sind.

Betrachten wir als Beispiel Vernachlässigung und Missbrauch von Kindern. Verwahrlosung und Vernachlässigung sind weit häufigere Phänomene als Missbrauch im engeren Sinne, und wiederum nur wenige Fälle von körperlichem Missbrauch enden tödlich. Natürlich ist jeder einzelne Fall von Missbrauch oder Vernachlässigung zu verurteilen, doch die meisten Menschen stimmen darin überein, dass es wesentlich schlimmer ist, zu Tode geprügelt zu werden, als, sagen wir, in schmutzigen Kleidern in die Schule gehen zu müssen.

Oder nehmen Sie Verbrechen im Allgemeinen: Im Jahre 2005 wurden ungefähr 1,2 Millionen Fahrzeuge gestohlen, aber weniger als 17 000 Menschen umgebracht.[6] Sowohl Autodiebstahl als auch Mord werden statistisch als Verbrechen gezählt, aber fast jeder wird einen Mord schlimmer finden als einen Diebstahl.

Bei nahezu allen sozialen Problemen beobachtet man dieses Muster: Sehr vielen weniger schweren Fällen stehen vergleichsweise wenige wirklich gravierende Fälle gegenüber. Das ist ein wichtiger Punkt, weil die Medien oder andere Informationsquellen soziale Missstände oftmals mit untypischen, besonders drastischen Beispielen belegen. Gewöhnlich handelt es sich um abschreckende Fälle, die bewusst ausgewählt wurden, eben weil sie außergewöhnlich furchterregend oder abscheulich sind. Das bedeutet jedoch, dass sie für gewöhnlich nicht typisch für das betreffende Problem sind, welches sich zu allermeist in weniger drastischer Weise zeigt. Aber ein besonders schreckliches Beispiel lässt sich mühelos mit einer allgemeinen Statistik verknüpfen. So kann man eine statistische Schätzung der (sicherlich recht hohen) Zahl von Studenten, die Alkohol trinken, am Bericht über einen einzelnen Studenten festmachen, der an einer Alkoholvergiftung gestorben ist (ein schreckliches, aber seltenes Ereignis).[7] Das Publikum zieht dann den Schluss, Alkohol im Studium sei eine Frage von Leben und Tod – obwohl die überwältigende Mehrheit der Studenten ihre Studienzeit überlebt.

 ### Achtung, aufgepasst!

Dramatische Ereignisse in Verbindung mit großen Zahlen

Beispiel: Intersexualität

Das Geschlecht – männlich oder weiblich – ist für die meisten Leute ein vorrangiges Kriterium der Kategorisierung der Mitmenschen. Die Zuordnung erfolgt gewöhnlich bei der Geburt (wenn nicht, dank Ultraschall, schon vorher): „Es ist ein Mädchen!" oder „Es ist ein Junge!" Diese Einteilung ist so offensichtlich und so natürlich, dass man kaum weiter darüber nachdenkt.

Trotzdem gibt es Babys, die sich nicht ohne Weiteres einer der beiden Kategorien zuordnen lassen. Manchmal sind die Geschlechtsmerkmale nicht eindeutig; solche Fälle von Hermaphroditismus („Zwittertum") erkennt man gleich nach der Geburt. Bei anderen Babys sind die Anzeichen weniger deutlich sichtbar, und es kann Jahre dauern, bis sie erkannt werden. Menschen mit einer kompletten Androgenresistenz zum Beispiel besitzen die für Männer typischen Geschlechtschromosomen XY. Da ihre Zellen aber nicht auf Testosteron reagieren, entwickeln sie weibliche Geschlechtsmerkmale. Oft wird diese Veranlagung erst in der Pubertät sichtbar. Dass keine eindeutige Geschlechtszuordnung möglich ist, kann noch mehrere andere Gründe haben. Zusammengefasst bezeichnet man diese Störungen als Intersexualität.

Manchmal wird argumentiert, Intersexualität sei so häufig, dass die Selbstverständlichkeit der strengen Kategorien männlich/weiblich infrage zu stellen und Geschlechtlichkeit eher als kontinuierliche Größe denn als Entweder-Oder anzusehen sei. Doch wie häufig ist Intersexualität wirklich? Nach einer oft zitierten Schätzung sind 1,7 % aller Menschen intersexuell. Das bedeutet, in einer Stadt mit 300 000 Einwohnern leben ungefähr 5 100 Einwohner mit einer in unterschiedlichem Maße ausgeprägten Intersexualität.[8] (Im Internet kursieren Behauptungen, der tatsächliche Anteil liege eher bei 4 %.[9])

Viele Menschen, die in diese Schätzungen einbezogen werden, führen jedoch ein vollkommen normales Leben und erfahren vielleicht nie von ihrer Intersexualität. Die verbreitetste Form einer intersexuellen Entwicklung ist das sogenannte nichtklassische Adrenogenitale Syndrom (AGS). Man schätzt, dass ungefähr 1,5 % aller Menschen davon betroffen sind; das entspricht fast 90 % aller intersexuellen Individuen (1,5 : 1,7 = 0,88). Babys mit nichtklassischem AGS haben normale, ihren Chromosomen entsprechende Geschlechtsteile. Daher ist es möglich, dass ihre Veranlagung ein Leben lang nicht diagnostiziert wird.[10] Mit anderen Worten, die verbreitetste Form von Intersexualität – die überwiegende Mehrheit aller Fälle – ist derart unscheinbar, dass sie vielfach nicht festgestellt wird. Im Gegensatz dazu sind wahre Hermaphroditen – Babys mit offensichtlich zweideutigen Geschlechtsteilen – sehr selten: Sie machen im Durchschnitt 1,2 Fälle von 100 000 Geburten aus.

Intersexualität zeigt daher die typischen Merkmale vieler Phänomene: Die wirklich dramatischen Fälle sind vergleichsweise selten, und die häufigsten Fälle sind nicht besonders dramatisch.

Teil 2

**Verschiedene Arten
verdächtiger Daten**

C

Pfusch

Manch eine schlechte Statistik ist das Ergebnis elementarer Fehler. Es mag Fälle geben, in denen der Leser bewusst getäuscht werden soll, doch meistens handelt es sich um unabsichtliche Irrtümer oder Verwechslungen auf Seiten derjenigen, die diese Zahlen präsentieren. Als beispielsweise der Gesundheitsminister der kanadischen Provinz Alberta gegenüber einer Gruppe von Schülern geäußert hatte, sie lebten „in der Selbstmordhauptstadt Kanadas", musste ein Sprecher des Ministeriums dies unmittelbar danach mit der Erklärung dementieren, der Minister habe mit einem Arzt gesprochen und „den Inhalt des Gesprächs missverstanden". Im Gegenteil zähle, so versicherte ein Repräsentant des Gesundheitsministeriums der Presse, die örtliche Selbstmordrate tatsächlich zu den niedrigsten der Region und nehme seit Mitte der 1990er Jahre ständig ab.[1]

Die meisten Menschen leiden mehr oder weniger an mangelndem Verständnis für Zahlen oder komplizierte Rechnungen, an einer Art mathematischem Analphabetentum.[2] Die Grundrechenarten oder das Prozentrechnen lassen sich vielleicht noch überblicken, doch darüber hinaus werden die Dinge kompliziert, unklar und verwirrend. Das kann jeden betreffen – den, der die Statistik erstellt, den Journalisten, der sie wiedergibt, sowie das Publikum, dem sie vorgelegt wird. Am Anfang steht ein simpler Fehler, beispielsweise ein verschobenes Dezimalkomma, das der Statistiker nicht bemerkt. Die Medien betrachten es als ihre Aufgabe, ihre Quellen möglichst originalgetreu zu zitieren, aber nicht, die Berechnungen nachzuprüfen. Wir als Leser oder Zuhörer wiederum vertrauen darauf, dass sich die Medien und ihre Quellen in dem Thema wirklich auskennen und ihre Aussagen daher richtig sein müssen. Und da wir alle dazu neigen, Zahlen als Fakten anzusehen, denken wir uns nichts dabei, die (falschen) Daten ständig zu wiederholen. Selbst wenn Zeitung A den Fehler bemerkt und verbessert, entwickelt dieser unweigerlich ein Eigenleben und erscheint plötzlich in Fernsehsendung B, auf Internetseite C oder in Blog D, wodurch ihn schließlich immer mehr Leute übernehmen.

Aber es kann so einfach sein, grundlegende Fehler zu erkennen! Manchmal reicht es aus, kurz nachzudenken. In anderen Fällen helfen unsere statistischen Richtwerte, um Zahlen wenigstens provisorisch auf ihre Plausibilität zu überprüfen.

C1 | Das schlüpfrige Dezimalkomma

Erfahrungsgemäß ist das Dezimalkomma glitschig und verrutscht schnell. Eine Stelle nach rechts, und bums!, plötzlich hat man das Zehnfache vor sich; eine Stelle nach links, und peng!, es bleibt nur noch ein Zehntel. Als die Nachrichtenagentur AP über die sensationellen Verkaufszahlen des letzten Harry-Potter-Bandes berichtete, war die Rede von durchschnittlich 300 000 Büchern, die am ersten Verkaufstag pro Stunde über den Ladentisch gingen – „mehr als 50 000" pro Minute.[3] Die richtige Zahl wäre natürlich 5000 Bücher pro Minute gewesen, aber dieser offensichtliche Fehler ist weder dem Journalisten aufgefallen, der den Bericht niederschrieb, noch den Redakteuren bei AP oder den verschiedenen Zeitungen, die die Meldung druckten.

Ein Dezimalkomma ist schnell verrutscht. Manchmal lässt uns der gesunde Menschenverstand – ausgerüstet mit den passenden Richtwerten – wittern, dass eine bestimmte Zahl deutlich zu groß (oder zu klein) ist. Um solche Fälle aufzuspüren, brauchen wir jedoch eine gewisse Vorstellung davon, wie die Zahlen richtig lauten müssten.

 ### Achtung, aufgepasst!
Auffallend große oder kleine Zahlen

Beispiel: Alle wie viele Minuten begeht ein Jugendlicher Selbstmord?

„In den Vereinigten Staaten bringt sich heute alle 13 Minuten ein Jugendlicher im Alter zwischen 14 und 26 Jahren um." Dies war die Titelzeile einer Werbebroschüre zu einem Buch.

Als ich dies las, hatte ich keine Ahnung, ob die Statistik wirklich stimmt. Jeder Selbstmord eines Jugendlichen ist etwas Schreckliches, gleichgültig, wie viele Minuten bis zum nächsten tragischen Ereignis vergehen. Doch passiert das wirklich alle 13 Minuten?

Nach ein paar Tastendrücken auf meinem Taschenrechner wusste ich, dass ein Jahr 525 600 Minuten hat (365 Tage × 24 Stunden pro Tag × 60 Minuten pro Stunde = 525 600 Minuten). Teilen wir diese Zahl durch 13 (die angebliche Anzahl von Minuten zwischen zwei Selbstmorden von Jugendlichen), so kommen wir auf 40 430 Selbstmorde in einem Jahr. Das scheint wirklich ziemlich viel zu sein, wenn Sie sich an unsere Diskussion der statistischen Eckwerte erinnern, wonach die Zahl *aller* Selbstmorde pro Jahr, unabhängig vom Alter der Personen, bei rund 32 000 liegt. Irgendetwas ist hier offensichtlich falsch.

Tatsächlich können wir der offiziellen Statistik entnehmen, dass es im Jahr 2002 lediglich 4010 Selbstmorde von Jugendlichen im Alter zwischen 15 und 24 gab,[4] also alle 131 Minuten – nicht alle 13 Minuten! – einen. Irgendwann ist bei den Berechnungen ein Dezimalkomma verrutscht, und auf diese Weise wurde aus einem Faktoid (einem Informationsfragment fragwürdiger Relevanz) etwas, das wir ein *Fiktoid* nennen können – eine beeindruckende, aber völlig falsche Statistik. (Sehr aufmerksamen Lesern wird vermutlich aufgefallen sein, dass die Altersangabe während dieses Prozesses von 15–24 [was bei offiziellen Statistiken in Amerika üblich ist] auf 14–26 gestreckt wurde.)

Wahrscheinlich sind Ihnen ähnliche Beschreibungen sozialer Probleme – „X ereignet sich alle Y Minuten" schön öfter begegnet. Das ist prinzipiell kein sehr sinnvoller Ansatz, denn manch einer wird Schwierigkeiten haben, diese Angaben in eine aussagekräftige Zahl zu übersetzen. Wie viele Minuten ein Jahr hat, haben wir normalerweise nicht im Gefühl. Dass es ungefähr eine halbe Million (exakt 525 600) sind, sollten Sie Ihrer Richtwerte-Liste hinzufügen. Mit diesem Wissen hätten Sie vielleicht gedacht: „Hm, alle 13 Minuten, also eine halbe Million dividiert durch 13, das sind grob gerechnet 40 000. Ziemlich viele Jugendliche, die sich da umbringen!"

Davon abgesehen sollten wir Angaben der Form „X ereignet sich alle Y Minuten" nicht ohne Weiteres für verschiedene Jahre miteinander vergleichen. Unter der oben zitierten Titelzeile stand in der Broschüre: „Vor 30 Jahren nahm sich in derselben Altersgruppe nur alle 26 Minuten ein Jugendlicher das Leben. *Woher kommt dieser epidemische Zuwachs*?" Der Punkt ist, dass die Bevölkerung jedes Jahr zunimmt, während die Anzahl der Minuten pro Jahr gleich bleibt. Selbst wenn junge Menschen sich mit derselben relativen Häufigkeit das Leben nehmen (ungefähr 9,9 Selbstmorde auf 100 000 Jugendliche im Jahre 2002), muss die

Anzahl der Selbstmorde insgesamt zunehmen, da die Anzahl der Jugendlichen zugenommen hat – und die durchschnittliche Anzahl von Minuten zwischen zwei solchen Ereignissen muss dann natürlich abnehmen. Intuitiv denken wir, wenn zwischen zwei Ereignissen weniger Zeit vergeht, an eine Dramatisierung des Problems. In Wirklichkeit kann das Bevölkerungswachstum Schuld an der höheren Häufigkeit sein. Die tatsächliche Rate, mit der das Problem auftritt (in unserem Fall die Anzahl der Selbstmorde pro Zeit *und* Personenzahl in dieser Altersgruppe) kann dabei unverändert oder sogar gesunken sein.

C2 | Stümperhafte „Übersetzungen"

Gar nicht so selten werden Statistiken von Leuten zitiert, die sie selbst nicht richtig verstanden haben. Wenn sie dann versuchen, die Bedeutung der Zahlen zu erklären, kommt Unsinn dabei heraus, und ihr mathematisches Analphabetentum wird offensichtlich – vorausgesetzt natürlich, jemand bemerkt den Fehler und weist darauf hin.

Achtung, aufgepasst!

Versuche, Statistiken in eine einfache Sprache zu übersetzen, und ihre verblüffenden Ergebnisse

Beispiel: Wie gefährlich ist Passivrauchen?

In einer Pressemitteilung wurde der Direktor der Britischen Herzstiftung für Schottland wie folgt zitiert: „Wir wissen, dass regelmäßiges passives Rauchen die Wahrscheinlichkeit für ein Herzleiden um rund 25% erhöht. Das bedeutet: Von vier Nichtrauchern, die in einer verrauchten Umgebung wie einem Pub arbeiten, entwickelt durchschnittlich einer aufgrund des Passivrauchens ein Herzleiden mit vorzeitiger Todesfolge."[5]

Genau das bedeutet es ganz und gar nicht. Dieser Unfug passiert häufig, wenn ein prozentualer *Zuwachs* (das um 25 % erhöhte Risiko für ein Herzleiden) mit einer absoluten Prozentangabe (25 % aller Betroffenen entwickeln ein Herzleiden) gleichgesetzt wird. Angenommen, vier von 100 Nichtrauchern werden im Durchschnitt herzkrank. Das Risiko liegt dann bei 4 %. Nun soll regelmäßiges passives Rauchen das Risiko um 25 % erhöhen. Was sind 25 % von vier? Eins. Bei Nichtrauchern, die regelmäßig passiv rauchen, beträgt das Risiko eines Herzleidens also 5 %, fünf von 100 Personen werden im Durchschnitt krank – eine Person mehr. Der in der Pressemitteilung zitierte Direktor hat offenbar nicht begriffen, was es bedeutet, wenn das Risiko um 25 % steigt, und stattdessen angenommen, das Gesamtrisiko für einen regelmäßig passiv rauchenden Nichtraucher betrage 25 % (oder 25 Personen von 100). Technisch ausgedrückt: Der Direktor verwechselte das relative mit dem absoluten Risiko.

In einem Zeitungsartikel, der sich später auf die Pressemitteilung berief, tauchte auch der Fehler wieder auf. Bemerkenswerterweise fiel der Unsinn weder dem Journalisten ins Auge, der den Artikel verfasste, noch einem Redakteur, der ihn kontrollierte.[6] Es kann natürlich sein, dass einer von ihnen den Fehler bemerkte, aber bewusst entschied, das Zitat trotzdem wortgetreu wiederzugeben. Wesentlich wahrscheinlicher erscheint aber, dass die Zahl kritiklos übernommen wurde. Wir dürfen nicht darauf vertrauen, dass die Medien jede falsche Zahl für uns aufdecken und korrigieren.

Wenn jemand eine Statistik in leicht verständliche Sprache übersetzt, kann uns das beim Verständnis der Zusammenhänge helfen; es kann uns aber auch vor Augen führen, dass der Übersetzer diese Zusammenhänge selbst nicht verstanden hat.

C3 | Irreführende Illustrationen

Die digitale Revolution machte es den Journalisten sehr viel leichter, Daten nicht nur irgendwie grafisch darzustellen, sondern poppige, visuell ansprechende Präsentationen zu erzeugen. Manchmal sind die Ergebnisse wirklich informativ; man denke zum Beispiel an Wetterkarten, bei denen verschiedenfarbige Streifen Temperaturbereiche kennzeichnen, sodass man die Wetterlage im ganzen Land sofort überblickt.

Nicht jedes pfiffige Diagramm ist ein gutes Diagramm; kein Diagramm kann besser sein als die Überlegungen, die dahinterstecken. Aber selbst Leute, die es eigentlich besser wissen müssten, tappen regelmäßig in Fallen, vor denen jeder Leitfaden der grafischen Präsentation warnt.[7]

Achtung, aufgepasst!

Grafische Darstellungen, die schwer zu lesen sind

Grafische Darstellungen, bei denen die Abbildungen nicht zu den Daten zu passen scheinen

Beispiel: Kleine „Meth Crystals" ganz groß

Die auf der folgenden Seite nachgedruckte Abbildung erschien in dem bekannten Nachrichtenmagazin *Newsweek*.[8] Sie zeigt das Ergebnis einer Studie unter homosexuellen Männern in New York, die in zwei Gruppen eingeteilt wurden: auf HIV positiv getestete Personen und auf HIV negativ getestete Personen. Die Männer wurden gefragt, ob sie jemals die Droge Methylamphetamin („Meth Crystals") probiert hatten. Knapp 38 % der HIV-positiv getesteten Männer bejahten die Frage; das ist ein etwa doppelt so hoher prozentualer Anteil wie bei den HIV-negativ getesteten Männern (18 %).

Obwohl man dieses Ergebnis mit deutlich weniger als tausend Worten ausdrücken kann, entschied sich *Newsweek* für ein Bild. Wir sehen darauf die Zahlen für jede Gruppe jeweils auf einem hellen Klumpen, der vermutlich einen Meth-Kristall darstellen soll. Schon ein kurzer Blick sagt uns, dass der Kristall für die HIV-posi-

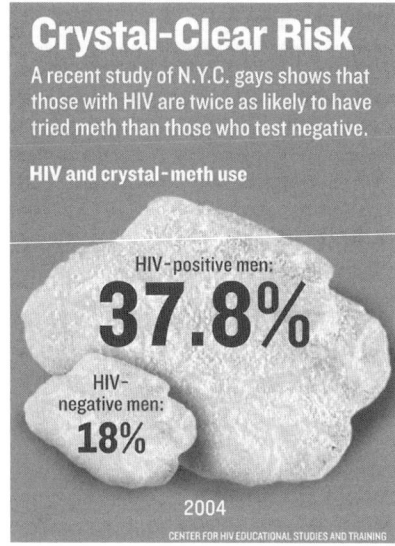

Abbildung mit irreführenden Zahlen.

tive Gruppe zu groß ist. Er sollte eigentlich doppelt so groß sein wie für die HIV-negative Gruppe, ist aber offensichtlich viel größer.

Was kann hier passiert sein? Lassen Sie uns überlegen. Vermutlich hat jemand gedacht, der größere Kristall müsse doppelt so hoch und doppelt so breit sein wie der kleinere. Das ist natürlich falsch: Eine Fläche mit der doppelten Höhe und der doppelten Breite ist viermal, nicht zweimal so groß wie das Original – ein typischer Fehler, der leider in vielen Diagrammen auftaucht.

Wirklich die Fakten verzerrend wird diese Abbildung jedoch durch die unterschiedlichen Größen, in denen die Zahlen gedruckt sind. Nicht nur sind die Ziffern von „37,8 %" in deutlich größerer Schrift gesetzt als die von „18 %", sondern die größere Zahl ist auch noch mit drei Ziffern einschließlich Dezimalkomma angegeben, die kleinere nur mit zwei Ziffern. So „gelingt" es, mit einer eigentlich simplen, leicht zu überblickenden Angabe zweier Prozentzahlen einen völlig irreführenden Eindruck von ihrem Verhältnis zu erwecken.

Es ist zu vermuten, dass die Leichtigkeit, mit der ein Grafiker heute am Computer Bilder und Schriften vergrößern und verkleinern kann, zur Entstehung solcherart verzerrender Darstellungen beiträgt. Künstlerisch ansprechende Diagramme sind besser als hässliche Bilder, aber die künstlerische Freiheit darf nicht so weit gehen, die zu vermittelnde Information inhaltlich zu verschleiern.

C4 | Achtlosigkeit beim Rechnen

Viele Statistiken sind das Ergebnis langwieriger Berechnungen. Zahlen über Zahlen, oft aus verschiedenen Quellen, müssen addiert, multipliziert oder anderweitig manipuliert werden, bis sich das gesuchte Ergebnis ergibt. Die Medien geben meist nur dieses Ergebnis an, sodass es schwerfällt, den Weg, der dorthin geführt hat, zurückzuverfolgen. Wenn ein solches Ergebnis jedoch unwahrscheinlich erscheint und Sie sich fragen, ob die Dinge wirklich derart schlecht (oder gut) liegen, dann kann es die Mühe wert sein, die Entstehungsgeschichte einer Zahl nachzuvollziehen. Manchmal stellen wir dann fest, dass verschiedene Zahlen einfach nicht zueinander passen, wie man es auch dreht und wendet.

Achtung, aufgepasst!

Wie immer: Zahlen, die erstaunlich groß oder klein sind

Zahlen, die schwer zu berechnen sind. Wie hat man das gemacht?

Beispiel: Konsumieren Personen unter 20 Jahren 18 % aller alkoholischen Getränke?

In einer medizinischen Fachzeitschrift konnte man 2006 folgendes Ergebnis einer Studie lesen: Mehr als ein Drittel des Geldes, das in den Vereinigten Staaten für alkoholische Getränke ausgegeben wird, stammt von Jugendlichen zwischen 12 und 20 Jahren und von Menschen mit Alkoholproblemen.[9] Wie die Forscher berechneten, entfallen ungefähr 18 % aller alkoholischen Getränke – über 20 Milliarden Getränke im Jahr – auf Jugendliche im genannten Altersbereich. (In den Vereinigten Staaten gilt ein generelles Alkoholverbot für Personen unter 21 Jahren.) Das ist in der Tat eine große Zahl. Aber macht sie überhaupt Sinn?

Die Kohorte (das ist der statistische Fachausdruck für eine Menschengruppe mit bestimmten gleichen Merkmalen) eines Jahrgangs in den USA umfasst, wie ein Blick auf unsere Richtwerte ergibt, ungefähr 4 Millionen Personen. (Es gibt also 4 Millionen Zwölfjährige, 4 Millionen Dreizehnjährige usw.) Wir können damit leicht ausrechnen, dass ungefähr 36 Millionen junge Menschen zwischen 12 und 20 Jahren alt sind. Dividieren wir 20 Milliarden Getränke durch 36 Millionen Personen, so kommen wir auf mehr als 550 Getränke pro Person in einem Jahr. Im Durchschnitt würde somit jeder Jugendliche in dieser Altersstufe pro Monat rund 46 alkoholische Getränke konsumieren. Wirklich eine Menge!

Natürlich halten sich viele Jugendliche an das Gesetz und trinken überhaupt keinen Alkohol. Wie die Wissenschaftler herausfanden, trifft das auf 52,9 % der Kohorte zwischen 12 und 20 Jahren zu. Demnach gäbe es rund 47,1 % jugendliche Alkoholtrinker, das sind 17 Millionen Personen (36 Millionen × 0,471). Wenn nun auf diese Personengruppe pro Jahr insgesamt 20 Milliarden alkoholische Getränke kommen, muss ein einzelner Jugendlicher durchschnittlich 1175 Getränke pro Jahr oder nahezu 100 Getränke pro Monat konsumieren. Das wäre ungefähr ein Drink alle acht Stunden.

Diese Zahl widerspricht jedoch anderen Berechnungen im selben Artikel. Da heißt es nämlich auch, dass die Jugendlichen, die überhaupt Alkohol trinken, im Durchschnitt 35,2 alkoholische Getränke pro Monat zu sich nehmen. Also rechnen wir mit den angegebenen Zahlen nach: 17 Millionen jugendliche Trinker mal 35,2 alkoholische Getränke pro Monat mal 12 Monate ergibt 7,2 Milliarden Getränke im Jahr, nicht 20 Milliarden. Irgendjemandem ist irgendwo ein einfacher Rechenfehler unterlaufen, der das Ergebnis nahezu verdreifacht. Insgesamt, so sagen die Forscher, werden in den USA pro Jahr 111 Milliarden alkoholische Getränke konsumiert. Wenn 7,2 Milliarden davon auf die Gruppe der Jugendlichen entfallen, entspricht das nur ungefähr 6,5 %, nicht 18 %.

Dass wir aus den Zahlen, die die Forscher angeben, nicht auf die besagten 20 Milliarden Getränke kommen, ist aber noch nicht alles.[10] Wir könnten auch einige weitere Annahmen infrage stellen, die der Studie zugrunde gelegt wurden. Obwohl es wirklich junge Menschen geben mag, die täglich Alkohol trinken, darf man annehmen, dass sowohl die konsumierte Menge als auch die Häufigkeit des Konsums mit dem Alter zunimmt und dass außerdem ein Großteil der jugendlichen Konsumenten nur am Wochenende Gelegenheit hat, etwas zu trinken. Angesichts dessen erscheinen 35 alkoholische Getränke im Monat immer noch viel. Wenn wir die Schätzung auch nur um acht Getränke pro Monat nach unten korrigieren, reduziert sich die Gesamtmenge um eine weitere Milliarde Getränke. Selbst wenn sich die Forscher nicht verrechnen, haben ihre Annahmen also einen großen Einfluss auf das Ergebnis.

Quellen: Wer hat gezählt?
Weshalb wurde gezählt?

Von augenfälligem Unsinn einmal abgesehen erscheinen die meisten Statistiken plausibel oder doch zumindest nicht offensichtlich *falsch*. Heißt das aber im Umkehrschluss, dass sie *richtig* sind? Wenn man die Stichhaltigkeit von Zahlenmaterial beurteilen will, hilft es oft, ein paar einfache Fragen zu stellen. Zuerst fragt man am besten: Von wem stammen die Zahlen? Anders ausgedrückt: Wer hat gezählt, und weshalb wurde gezählt?

Zahlen sind keine Naturerscheinung, sondern von Menschen gemacht. Zahlen entstehen, wenn sich jemand die Arbeit macht, etwas abzuzählen. Als Erstes können wir versuchen, zur Quelle zu gelangen, also herauszufinden, wer die Zahl produziert hat und aus welchem Beweggrund er oder sie den Aufwand des Zählens – wovon auch immer – auf sich genommen hat.

Statistiken können die verschiedensten Quellen haben. Ganze Ströme von Zahlen fließen aus offiziellen Stellen wie Behörden oder Ämtern: Bevölkerungszahlen, Arbeitslosenzahlen, Verbrechenszahlen, Armutszahlen und jede

Menge andere Statistiken. Dann gibt es die Meinungsforscher, die zu allen möglichen Themen Umfragen veranstalten. Manche Institute arbeiten unabhängig, aber in vielen Fällen steckt ein Auftraggeber dahinter, der vermutlich hofft, das Ergebnis werde seine eigene Ansicht stützen. Schließlich gibt es Forscher, die ebenfalls Daten sammeln, um irgendetwas wissenschaftlich zu untersuchen, und dabei vielleicht objektiver vorgehen – oder auch nicht. Viele Leute erstellen Statistiken zu vielen Zwecken und mit vielen Absichten.

In der Regel bleiben diese Leute aber im Hintergrund. Wer bekommt schon Originalberichte der Behörden, Meinungsforschungsinstitute oder Wissenschaftler zu sehen? Die Allgemeinheit ist auf Informationen aus zweiter oder gar dritter Hand angewiesen, auf Zeitungsartikel, Radiosendungen und Fernsehberichte. Die zuständigen Redakteure und Journalisten aber wühlen sich auf der Suche nach einer Story durch Berge von Material und picken sich nur wenige Zahlen heraus, die sie ihrem Publikum mitteilen.

Wie halten fest: Hinter den Statistiken, die wir zu sehen bekommen, steckt ein Heer verschiedenster Leute; die einen erheben oder berechnen die Daten, die anderen verbreiten sie. Natürlich wünschen wir uns, dass alle Beteiligten stets völlig objektiv vorgehen und uns nur exakte, absolut verlässliche Informationen anbieten. Wir wissen aber ganz genau, dass uns manche Quellen einzelne Daten oder ganze Statistiken gezielt vorlegen – oder vorenthalten –, um uns von der Richtigkeit einer vorgefassten Meinung zu überzeugen. Das Interesse solcher Quellen kann offen zutage treten, wenn uns zum Beispiel ein Pharmaunternehmen klar machen will, dass sein Arzneimittel wirksam (und nebenwirkungsarm) ist, oder wenn Vertreter eines bestimmten Wirtschaftszweigs Steuererleichterungen durchsetzen wollen. Das können Beweggründe für absichtliche Täuschungsversuche sein, wobei bewusst falsche oder jedenfalls fragwürdige Daten verbreitet werden. Nicht alle schlechten Statistiken entstehen aber aus derart unredlichen Erwägungen.

Forscher, die ihre Ergebnisse veröffentlichen, Bürgerinitiativen, die Anhänger hinter sich versammeln und Journalisten, die ihre Artikel und Sendungen verkaufen wollen, haben eines gemeinsam: Sie kämpfen um die Aufmerksamkeit des Publikums. Die Welt ist voller Informationen, und von den meisten nimmt niemand Notiz. Hier kommt die Verpackung ins Spiel. Um Beachtung zu finden, müssen Behauptungen „interessant gemacht" werden: Jedes einzelne Element eines Berichts soll fesseln, und das gilt eben auch für Statistiken. Mit den Zahlen wollen die Autoren Interesse und Besorgnis wecken; besonders überraschende, beeindruckende oder erschreckende Zahlen werden extra hervorgehoben. Wann immer wir eine Statistik betrachten, sollten wir uns darüber im Klaren sein, dass sie einen Auswahlprozess durchlaufen hat: Viele andere Zahlen zum Thema bekommen wir nicht zu Gesicht, weil irgendjemand sie als weniger interessant eingestuft hat.

Der Wettstreit um die öffentliche Aufmerksamkeit beeinflusst Daten aller Art, selbst solche aus ausgesprochen seriösen Quellen. Wenn Behörden Ergebnisse ihrer neuesten Erhebungen verkünden, sind sie versucht, besonders interessante Zahlen in den Mittelpunkt ihrer Pressemitteilungen zu stellen. Wissenschaftler, die ihre Arbeit in einer besonders angesehenen Fachzeitschrift unterbringen wollen, formulieren ihre Resultate so, dass sie dem Herausgeber möglichst bedeutungsschwer erscheinen. Den Kampf um Aufmerksamkeit überleben nur die wirklich beeindruckenden Zahlen.

Wie im Abschnitt über Pfusch genauer erklärt wurde, kommt häufig noch hinzu, dass viele Leute die von ihnen präsentierten Zahlen selbst nicht recht verstehen. Sie können dabei durchaus ernsthafte Absichten haben und von der Richtigkeit ihrer Daten vollkommen überzeugt sein. Natürlich trifft das auf Leute zu, die anderer Meinung sind als wir selbst – da sie ja zur falschen Schlussfolgerung gelangen, müssen sie wohl falsch informiert sein. Ärgerlicherweise gilt es aber oft auch für Leute, deren Ansicht wir eigentlich teilen. Dass sie nur das Gute wollen, schützt sie leider nicht davor, ihre eigenen Zahlen nicht zu begreifen.

Fassen wir zusammen: Zwar fühlen wir uns oft mit Statistik überhäuft, aber in Wirklichkeit sehen wir nur einen winzigen Teil dessen, was es insgesamt an Daten und Zahlen gibt, und dieser Teil wurde von irgendjemandem unter dem Gesichtspunkt ausgesucht, wie interessant oder überzeugend er wirkt. Die Zahlen, die uns schließlich erreichen, sind deshalb vorsortiert und in gewisser Hinsicht maßgeschneidert: Sie sollen vielleicht Angst und Schrecken verbreiten, in jedem Fall aber Aufmerksamkeit auf sich lenken und festhalten. Beim Betrachten jeder Statistik ist es daher angebracht zu fragen, wer sie erstellt hat und mit welcher Absicht. Aufpassen sollten wir immer dann, wenn Daten in einer besonders beeindruckenden Form präsentiert werden. Es folgen dazu einige Beispiele.

D1 | Große runde Zahlen

Große runde Zahlen hinterlassen einen großen Eindruck. Sie wirken unerhört – „Ich hatte keine Ahnung, dass die Dinge *so* schlecht stehen!" – und lassen sich leicht merken; und sie sind eines der sichersten Anzeichen dafür, dass hier jemand spekuliert.

Besonders oft passiert das, wenn ein gesellschaftliches (oder anderes) Problem zum ersten Mal an die Öffentlichkeit gebracht wird. Wenn einem Sachverhalt noch nie besondere Beachtung geschenkt wurde, hat aller Wahrscheinlichkeit nach auch noch niemand Buch darüber geführt (Fälle gezählt, klassifiziert usw.). Es gibt also keine sinnvolle Statistik. Sobald aber die Medien auf die Geschichte aufmerksam werden, wollen die Journalisten Zahlen sehen. Ist das Problem allgemeiner Natur? Wie viele Fälle sind bekannt geworden? Dadurch geraten die Befragten unter Druck. Sie sollen exakte Zahlen vorlegen, haben aber keine und ziehen sich auf Schätzungen zurück – qualifizierte Schätzungen, Spekulationen oder auch das, was man salopp „Hausnummern" nennt.

Dabei können die Schätzwerte durchaus ernst gemeint sein. Die Leute halten ihr Anliegen für wichtig; deshalb ist es für sie ein großes Problem. Den ganzen Tag reden sie mit anderen Leuten, die ihre Besorgnis teilen. Wenn sie nun zu einer quantitativen Angabe gedrängt werden, legen sie sich auf eine große, runde Zahl fest, die der (in ihren Augen) absoluten Dringlichkeit des Problems entspricht. Diese Zahl ist dann wahrscheinlich übertrieben.

Achtung, aufgepasst!

Wie die Überschrift sagt: große, runde Zahlen

Beispiel: Töten wir scharenweise unsere Vögel?

Zusammenstöße von Vögeln mit Glasscheiben enden oft tödlich – eine traurige Sache. So gern wir Vögel durch große Fenster beobachten, so bedrückend finden wir den Gedanken, dass dieselben großen Fenster den kleinen Tieren den Tod bringen können. Gehören also selbst Fenster zu den Dingen, mit denen wir die Natur zerstören?

In den vergangenen Jahren tauchte in den Medien eine große runde Zahl auf, wenn vom Vogeltod an Fensterscheiben die Rede war. In einem Interview des Senders National Public Radio nannte ein Architekturprofessor 2005 die Zahl *eine Milliarde*. Der Reporter äußerte eine gewisse Skepsis: „Für wie genau halten Sie diese Zahl? Wie berechnet man etwas Derartiges?" Schließlich ist eine Milliarde sehr viel – tausend Millionen. Eine sehr große, sehr runde Zahl. Aber der Professor beharrte darauf, es handle sich um eine Zahl, die „auf sehr sorgfältigen Erhebungen" beruhe.[1]

Nun ja, nicht ganz. Die bis dahin beste Schätzung lag bei 3,5 Millionen an Fensterscheiben getöteten Vögeln jährlich. Das ist deutlich weniger als eine Milliarde. Bei dieser Schätzung ging man einfach davon aus, dass die Fläche der Vereinigten Staaten rund 3,5 Millionen Quadratmeilen (rund 9,8 Millionen Quadratkilometer) beträgt und dass im Durchschnitt pro Jahr und Quadratmeile ein Vogel an einer Fensterscheibe verendet.[2] Mit anderen Worten: Die 3,5 Millionen waren nicht viel mehr als eine Mutmaßung.

Ein Ornithologe, der davon überzeugt war, dass die Zahl viel zu klein ist, entschloss sich zu einer genaueren Untersuchung.[3] Er bat die Bewohner von zwei Häusern, sorgfältig jeden Vogel, der gegen ein Fenster flog, zu notieren. Das eine Haus stand im Süden von Illinois, das andere in einem Vorort von New York. Zufällig gehörte das Haus in Illinois früheren Nachbarn von uns, einem älteren Ehepaar, das Vögel liebte und sein individuell gestaltetes Haus mit vielen Fenstern ausgestattet hatte, umgeben von Bäumen, Sträuchern, Vogelhäuschen und so weiter. Das Haus war ein wahrer Vogelmagnet. Über einen Zeitraum von zwei Jahren verzeichnete das Paar 59 tödliche Zusammenstöße. (Wir hingegen, die wir acht Jahre lang in einem nur wenige hundert Meter entfernten Haus lebten – allerdings mit Fliegengittern vor fast allen Fenstern –, erlebten die ganze Zeit über nicht ein Mal, dass ein Vogel an unseren Scheiben ums Leben gekommen wäre.)

Woher kam aber nun die Milliarde? Der erwähnte Ornithologe rechnete nicht etwa die Daten der beiden Häuser hoch, sondern bezog sich auf offizielle Schätzungen der Anzahl der Gebäude – Privathäuser, Unternehmen, Schulen – in den Vereinigten Staaten und kam auf insgesamt 97,6 Millionen Bauwerke. Dann schätzte er, dass jährlich an den Scheiben jedes dieser Gebäude im Mittel ein bis zehn Vögel sterben. So kam er zu dem Schluss, dass sich jährlich zwischen 97,6 und 976 Millionen tödliche Kollisionen ereignen. Die Vogelschützer stürzten sich auf die größere Zahl, rundeten sie auf, und – siehe da! – verkündeten, „sehr sorgfältige Erhebungen" würden besagen, dass eine Milliarde Vögel jährlich an US-amerikanischen Fensterscheiben umkommt.

Es besteht gar kein Zweifel, dass viele Vögel auf diese Weise sterben. Da sich die Zahl jedoch nicht genau bestimmen lässt, müssen wir schätzen. Wenn wir von einem Todesfall pro Quadratmeile ausgehen, gelangen wir zu 3,5 Millionen Fällen; ein Todesfall pro Gebäude bringt uns zu ungefähr 100 Millionen, zehn Todesfälle pro Gebäude zu einer Milliarde. Natürlich ist die Milliarde wesentlich beeindruckender als die anderen Zahlen und hat daher größere Chancen, von den Medien aufgegriffen zu werden.

Nicht alle haben diese Zahl allerdings übernommen. Auf einer Internetseite zum Vogelsterben wird vermutet, dass jährlich nur 80 Millionen Vögel nach einem Zusammenstoß mit einer Fensterscheibe sterben (ohne dass die Herkunft dieser Zahl erklärt würde). Allerdings wird dort auch behauptet, dass frei herumlaufende Hauskatzen in Nordamerika „TÄGLICH rund 4 MILLIONEN Vögel töten, über eine MILLIARDE Singvögel im Jahr. Darin ist die Beute von Streunern und Wildkatzen noch nicht einmal enthalten." (Die Hervorhebungen entsprechen dem Original[4].) Damit Sie diese große, runde Zahl beurteilen können, hier eine Zusatzinformation: Nach Schätzungen der American Veterinary Medical Association (Amerikanische Gesellschaft für Tiermedizin) gibt es ungefähr 71 Millionen Hauskatzen in den Vereinigten Staaten (natürlich einschließlich der Katzen, die das Haus nie verlassen).[5] Sollte wirklich eine Milliarde Vögel jährlich durch Hauskatzen getötet werden, müsste jede einzelne Katze im Schnitt pro Jahr 14 Vögel erbeuten.

D2 | Superlative

Mit Superlativen – „am größten", „am schwersten", „am meisten", „ein neuer Rekord" – lässt sich eine Statistik ohne weiteren Aufwand besonders hervorheben. Superlative implizieren einen Vergleich: Sie erwecken den Eindruck, jemand habe zwei oder mehr Phänomene genau vermessen und das in irgendeiner Hinsicht bedeutendste ermittelt.

In vielen Fällen handelt es sich bei Superlativen jedoch um maßlose Übertreibungen, die nur ein Ziel haben: Eindruck zu schinden. Vielleicht wurde in Wirklichkeit gar nichts verglichen; vielleicht konnten sich die Leute nicht einmal auf eine gemeinsame Basis für einen Vergleich verständigen. Das Etikett „das größte" ist schnell aufgeklebt, doch häufig gibt es mehrere Möglichkeiten, „Größe" zu bewerten, und keine Einigkeit darüber, welcher Maßstab zu wählen ist.

Übertriebene Vergleiche beruhen in vielen Fällen auch auf mangelndem Geschichtsbewusstsein. Selbst sensationelle Ereignisse werden mit der Zeit bedeutungslos. In der Soziologie spricht man von einem *kollektiven Gedächtnis*, der Gesamtheit der Erinnerungen einer Gruppe von Menschen. Das kollektive Gedächtnis ist selektiv; die meisten Ereignisse sind schnell vergessen. In der Gesellschaft erinnert man sich vor allem an Dinge, die erst vor kurzem passiert sind, und an ganz besondere Momente der Geschichtsschreibung. Alles andere verblasst und wird nicht mehr beachtet.

Achtung, aufgepasst!

Superlative – „das Größte", „das Schlimmste" usw.

Beispiel: Die größte Katastrophe in der Geschichte der Vereinigten Staaten

Der schreckliche Terrorangriff vom 11. September 2001 veranlasste einige Kommentatoren, von der „größten Katastrophe der amerikanischen Geschichte" zu sprechen. Ohne Frage war das Ereignis fürchterlich; aber wie lässt sich entscheiden, ob es in der Tat das *größte* Unglück war? Wenn wir unter einer Katastrophe ein vergleichsweise plötzliches oder überraschendes Ereignis verstehen, das viele Menschenleben fordert, dann können wir die Katastrophen nach der Anzahl der Opfer ordnen. Für den 11. September liegt die genaueste Schätzung bei 3 025 Personen (einbegriffen sind die Passagiere und Besatzungen der vier Flugzeuge sowie die im Pentagon und im World Trade Center Umgekommenen). Das ist in der Tat eine schrecklich große Zahl, größer, wie einige Kommentatoren vermerkten, als die Zahl der beim Angriff auf Pearl Harbor Gefallenen (2 403) – aber eben nicht die größte Anzahl von Toten bei einer Katastrophe in den Vereinigten Staaten. Dieser traurige Rekord liegt vermutlich bei 4 263 bestätigten Opfern, gehalten von einem Hurrikan, der im Jahre 1900 über Galveston in Texas hinwegfegte.

Wie viele Opfer eine Katastrophe tatsächlich forderte, ist oft schwer zu ermitteln.[6] Die Methoden sind von Ereignis zu Ereignis verschieden. Manche Leichen werden nie gefunden und somit auch nicht gezählt. Manchmal werden nur Individuen berücksichtigt, von denen bekannt ist, dass sie zur Zeit des Unglücks gestorben sind, in anderen Fällen werden Vermisste mitgerechnet oder auch diejenigen, die später ihren Verletzungen erlegen sind. Welche Zahl wirklich richtig ist, lässt sich im Nachhinein kaum feststellen. Bei dem Erdbeben in San Francisco im Jahre 1906 sind nach offiziellen Angaben 478 Personen ums Leben gekommen, aber einige moderne Historiker vermuten, dass die Behörden die tatsächlichen Verluste absichtlich heruntergespielt haben, um dem Wiederaufbau der Stadt keine Steine in den Weg zu legen. Nach Schätzungen dieser Historiker forderte das Erdbeben tatsächlich mehr als 3 400 Menschenleben.[7] Der Vergleich von absoluten Opferzahlen muss also, kurz gesagt, mehr oder weniger grob ausfallen.

Setzen wir stattdessen die Anzahl der Toten bei einer Katastrophe zur Gesamtbevölkerung der Vereinigten Staaten in Beziehung – auch ein Maß, das die Auswirkungen eines Ereignisses auf eine Gesellschaft widerspiegelt –, so wird sofort deutlich, dass dieser relative Anteil bei mehreren Ereignissen in der Vergangenheit weitaus größer war als am 11. September. Die angegebene Tabelle ist bei weitem nicht vollständig; sie berücksichtigt beispielsweise nur eine einzige Schlacht aus dem Bürgerkrieg, die am Antietam in Maryland im Jahre 1862 (bei der die meisten Toten an einem einzigen Tag verzeichnet wurden). Niedrigere Schätzungen beruhen oft auf engeren Kriterien (zum Beispiel auf offiziellen Listen der Personen, von denen eindeutig bekannt ist, dass sie am betreffenden Tag ums Leben kamen), wohingegen bei großzügigeren Angaben die Kriterien häufig weiter gefasst sind (etwa werden Personen berücksichtigt, die erst später an den Folgen der Katastrophe gestorben sind usw.).[8] Die Tabelle bezieht sich jeweils auf die konservativsten Schätzungen der Verluste.

Viele dieser schrecklichen Ereignisse sind aus unserem kollektiven Gedächtnis verschwunden, wodurch sich unser Eindruck erklären lässt, dass bei dem Terroranschlag vom 11. September mehr Menschen ums Leben gekommen sind als je bei einer Katastrophe zuvor. Außerdem ist zu sagen, dass die „Größe" einer Katastrophe nicht nur anhand des Verlustes an Menschenleben bewertet werden kann. Mit ebensolcher Berechtigung könnte man zum Beispiel den materiellen Schaden zum Maßstab nehmen. Auch wenn die Zerstörung bei dem Anschlag vom 11. September verheerend war, betraf sie nur eine vergleichsweise kleine Fläche. Es ist zu vermuten, dass der Wirbelsturm Katrina 2005 einen weit größeren volkswirtschaftlichen Schaden anrichtete, weil er sich auf ein so weiträumiges Gebiet erstreckte. (Katrina erscheint nicht in der Tabelle, weil dem Sturm deutlich weniger Menschen zum Opfer fielen als den Anschlägen vom 11. September.) Dabei ist es allerdings schwierig, den wirtschaftlichen Schaden einer Katastrophe zu beziffern, weil die Versicherungsgesellschaften es vorziehen, entsprechende Informationen für sich zu behalten. Selbst wenn wir genaue Zahlen in Dollar oder Euro wüssten, müssten wir unter anderem die Einflüsse der Inflation berücksichtigen, um sie zu vergleichen.

Tabelle 1 Absolute Zahl der Opfer und relative (auf eine Million Einwohner der USA bezogene) Zahl der Opfer für einige Katastrophen in der Geschichte der Vereinigten Staaten.

Ereignis	geschätzte Zahl der Toten	Bevölkerung der Vereinigten Staaten (Millionen)	Tote pro Million Einwohner
Hurrikan in Galveston (Texas, 1900)	4 263–8 000	76,1	56–105
Schlacht am Antietam (Maryland, 1862)	3 654–5 000	33,2	110–151
Terroranschlag vom 11. September (New York, Virginia, Pennsylvania, 2001)	**3 025**	**285,0**	**11**
Angriff auf Pearl Harbor (Hawaii, 1941)	2 403	133,4	18
Flut von Johnstown (Pennsylvania, 1889)	2 209	61,8	36
Explosion des Dampfers *Sultana* (Tennessee, 1865)	1 700	35,7	48
Feuer von Peshtigo (Wisconsin, 1871)	1 500–2 500	40,9	37–61
Brand des Dampfers *General Slocum* (New York, 1904)	1 021	82,2	12
Erdbeben von San Francisco (Kalifornien, 1906)	478–3 400	85,5	6–40

Insgesamt ist es also sehr kompliziert, Katastrophen hinsichtlich ihres Ausmaßes gegeneinander aufzurechnen – und entsprechend einfach ist es, nach jeder besonders schrecklichen Katastrophe von „der größten" zu sprechen.

D3 | Erschütternde Behauptungen

Ein aufwühlender Fall, insbesondere in Verbindung mit einer passenden Statistik, kann sehr betroffen machen. Wieder einmal merken wir, wie schlecht die Welt sein kann – diese Welt, in der tragische Unglücke unschuldige Menschen ereilen. Die Statistik wiederum zwingt uns, zur Kenntnis zu nehmen, dass sich solche Tragödien häufiger ereignen, als wir gedacht hätten. Diese Kombination ist ein sehr wirkungsvolles Mittel, um die Öffentlichkeit in Angst und Schrecken zu versetzen.

Unsere Faustregel – die schlimmsten Fälle sind die seltensten – lässt uns vermuten, dass die Statistik auch viele Fälle mitzählt, die weniger erschreckend sind als das furchtbare Beispiel, mit dem das Problem illustriert wurde. Außerdem könnten wir uns fragen, von wem die Zahlen stammen. Welchen Vorteil kann jemand davon haben, das Publikum aufzuwühlen?

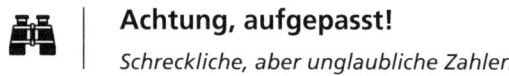

Achtung, aufgepasst!
Schreckliche, aber unglaubliche Zahlen

Beispiel: Werden schwangere Frauen häufiger ermordet?

Als kürzlich der Mord an einer schwangeren Frau durch die Medien ging, wurde die erschreckende Behauptung laut, es handele sich keineswegs um einen Ausnahmefall: Mord oder Totschlag seien im Gegenteil eine Hauptursache, ja sogar *die* Hauptursache für den Tod schwangerer Frauen.[9] Die Berichte bezogen sich dabei auf

Artikel in medizinischen Fachzeitschriften.[10] Ist für schwangere Frauen das Risiko, ermordet zu werden, wirklich größer?

Was die Forscher tatsächlich untersuchten, waren Todesursachen „im Zusammenhang mit einer Schwangerschaft". Wie sich beim Lesen der Originalarbeiten herausstellte, musste eine Frau nicht schwanger sein, um in diesen Studien berücksichtigt zu werden. Der „Zusammenhang mit einer Schwangerschaft" war laut Definition der Autoren nicht nur während der Schwangerschaft selbst gegeben, sondern außerdem die 365 Tage nach ihrem Ende, und zwar unabhängig davon, ob dieses Ende in einer Fehlgeburt, einem Schwangerschaftsabbruch oder einer normalen Entbindung bestand. Mitgezählt wurden also Opfer, die bei ihrem Tod noch gar nicht wussten, dass sie schwanger waren, Todesfälle, die sich elf Monate nach dem Ende der Schwangerschaft ereigneten usw. Eine der Studien gab explizit an, nur 21 % der „im Zusammenhang mit einer Schwangerschaft" ermordeten Frauen seien tatsächlich, nun ja, schwanger gewesen, wohingegen 50 % der Opfer innerhalb eines Jahres nach einer Entbindung und weitere 26 % innerhalb eines Jahres nach einem Abbruch starben. Die Medien allerdings (vermutlich der Meinung, dass man nicht „ein bisschen" schwanger sein kann) setzten „mit einer Schwangerschaft im Zusammenhang stehend" gleich mit „während einer Schwangerschaft". (Nebenbei bemerkt zeigen die Daten, dass schwangere Frauen und Wöchnerinnen um über die Hälfte seltener das Opfer eines Tötungsdelikts werden als der Durchschnitt der Frauen im gebärfähigen Alter. Eine Schwangerschaft verringert – nicht erhöht – somit das Risiko einer Frau, ermordet zu werden.)

Die Müttersterblichkeit ist eine wichtige Kennziffer für den Zustand des Gesundheitswesens einer Gesellschaft. Traditionell zählt man dabei die Frauen, die an Schwangerschaftskomplikationen oder unter der Geburt sterben. Zu Beginn des 20. Jahrhunderts lag die Müttersterblichkeit in den Vereinigten Staaten bei etwa 850 auf 100 000 Geburten. Im Jahre 1980 war sie auf 7/100 000 gesunken – ein beachtlicher Erfolg. Im Laufe der Zeit dehnten die Forscher die Zielgruppe ihrer Untersuchungen jedoch aus, indem sie anstelle der Müttersterblichkeit „schwangerschaftsbezogene Todesursachen" im weiteren Sinn definierten. Einige Studien schließen sogar alle Todesfälle innerhalb von acht Jahren nach Ende der Schwangerschaft ein. Diese Neudefinition ließ die absolute Zahl der Todesfälle natürlich nach oben schnellen, wodurch sich wiederum weitergehende Forschungsaktivitäten rechtfertigen ließen.[11]

Die Ermordung einer schwangeren Frau ist natürlich ein erschütterndes Ereignis, das leicht das kritische Denken ausschalten kann. Die Behauptung, Tötungsdelikte seien eine der häufigsten Todesursachen während der Schwangerschaft, lässt dann die Vermutung aufkommen, diese Gruppe von Frauen sei besonders gefährdet. Schwanger sind jedoch meist junge Erwachsene, eine Altersgruppe, in der natürliche Todesursachen eher selten sind. Das bedeutet, unnatürliche Ursachen (Unfälle oder Verbrechen) sind für einen größeren relativen Anteil aller Todesfälle verantwortlich (siehe dazu auch Abschnitt G.5). Trotzdem ist die absolute Gefahr ermordet zu werden, bei einer schwangeren Frau geringer als bei anderen Frauen in diesem Alter.

D4 | Emotionsgeladene Namen

Es ist nahezu unmöglich, über ein soziales Problem zu diskutieren (geschweige denn, es statistisch zu analysieren), ohne es benannt zu haben. Und der Name ist wichtig, denn ein geschickt gewählter Name kann ein Problem in einem besonderen Licht erscheinen lassen.

Betrachten wir als Beispiel den exzessiven Konsum von Alkohol, den Fachleute als „Binge-Drinking" und die Medien salopper mit „Kampftrinken" oder „Komasaufen" bezeichnen. Vor mehr als fünfzehn Jahren verwendete man den Begriff „Binge" ausschließlich für außer Kontrolle geratene, fortgesetzte Sauforgien, wie sie in Filmen wie *Das verlorene Wochenende* oder *Leaving Las Vegas* thematisiert werden. Auf diesem düsteren Bild von Alkoholexzessen beruhte die Überzeugung sehr vieler schwerer Trinker, sie seien gar keine Alkoholiker. Doch dann begannen sich Wissenschaftler mit dem Trinkverhalten von College-Studenten zu beschäftigen und übernahmen den Begriff „Binge" für ein vollkommen anderes Verhalten[12], nämlich für den Konsum mehrerer Drinks halbwegs kurz hintereinander (fünf Drinks bei Männern, vier bei Frauen). Wenn also beispielsweise ein Mann fünf Stunden in einer Bar mit Freunden verbracht und dabei pro Stunde einen Drink zu sich genommen hat, galt das bereits als „Binge-Drinking". (Dabei muss diese Menge noch nicht einmal ausreichen, um den Blutalkoholwert über die Grenze für die Fahrtüchtigkeit – in einigen US-Bundesstaaten bis 0,8 Promille, in Deutschland 0,5 Promille – zu bringen.) Ein vergleichsweise weit verbreitetes Phänomen, das legal ist und keine weiteren Probleme nach sich ziehen muss, wurde plötzlich mit einem Namen belegt, der lange Zeit mit der schlimmsten, zerstörerischsten Form von Alkoholismus assoziiert wurde.

Ein geschickt gewählter Name kann starke emotionale Reaktionen hervorrufen, sodass die Statistiken besonders erschreckend wirken.

 Achtung, aufgepasst!
Erschreckende, sensationsheischende Namen für Probleme

Beispiel: Sind die Hungernden wirklich hungrig?

Medienberichte über die amerikanische Ernährungspolitik sprechen häufig von „Hunger in Amerika". Überschriften wie „Immer mehr Familien in den Vereinigten Staaten hungern" sind wir schon gewohnt.[13] Hunger ist ein starker Name für ein Problem: klar, verständlich und besorgniserregend. Nahezu jeder wird sofort zustimmen, dass in einem reichen Land niemand Hunger leiden sollte.

Die neueren Statistiken zu den Berichten über Hunger in den Vereinigten Staaten beruhen auf Erhebungen des US-Landwirtschaftsministeriums (U.S. Department of Agricultural Surveys, USDA). Das USDA misst die sogenannte „Ernährungssicherheit", die nach allgemein akzeptierter Definition gegeben ist, wenn alle Mitglieder einer Gesellschaft jederzeit Zugang zu qualitativ und quantitativ ausreichenden Nahrungsmitteln haben. Die Studien unterteilen die Haushalte in drei Kategorien: ständig gegebene, niedrige oder sehr niedrige Ernährungssicherheit. Die Einteilung erfolgt aufgrund der Antworten von Haushaltsmitgliedern auf einen Fragenkatalog (Beispiel: „,Wir hatten Angst, dass die Vorräte aufgebraucht sind, bevor wir wieder Geld haben, um einkaufen zu gehen.' Traf diese Aussage innerhalb der letzten zwölf Monate häufig, manchmal oder nie auf Sie zu?") Im Jahre 2005 wurden 89 % der Haushalte als ernährungssicher eingestuft, 7,1 % entfielen auf die Kategorie „niedrige Ernährungssicherheit" und 3,9 % auf „sehr niedrige Ernährungssicherheit". Letztere scheint weit eher vorübergehend aufzutreten als ein chronischer Zustand zu werden: Ungefähr ein Drittel der Haushalte, die mindestens einmal im Jahr von sehr niedriger Ernährungssicherheit betroffen waren, gaben an, dies trete selten oder nur gelegentlich (1–2 Monate im Jahr) auf.[14]

Haushalte, in denen die Ernährung nicht dauerhaft gesichert ist, sind in der Regel wirklich arm und ihre Probleme, Lebensmittel zu beschaffen, sind echt. Die Einführung des Begriffs „Ernährungssicherheit" war eine Antwort auf Kritiker, die bemängelten, es würde nicht wirklich gemessen, ob die Menschen *hungrig* seien. Aber auch die neue Terminologie wird angefochten. In einem Bericht der *New York Times* hieß es beispielsweise, es sei wesentlich mehr öffentliche Anteilnahme notwendig, um das Problem der mangelnden Ernährungssicherheit wirklich in Angriff nehmen zu können; man plädiere daher in diesem Zusammenhang für die Verwendung des Begriffs „Hunger" (engl. *hunger*), da er weitaus emotionaler sei.[15] Allerdings ist es eine Verdrehung der Zahlen und Tatsachen, den Prozentsatz der Leute zu berechnen, die von Ernährungsunsicherheit betroffen sind, und dann zu behaupten, dieser Prozentsatz an Menschen gehe hungrig zu Bett.

E

Definitionen: Was wurde gezählt?

Jede Statistik ist das Produkt einer Zählung. Der letzte Abschnitt hat gezeigt, dass wir uns immer fragen sollten, wer gezählt hat und warum sich derjenige die Mühe des Zählens gemacht hat. In diesem Abschnitt geht es um einen weiteren wichtigen Punkt: Was wurde gezählt, und wie wurde entschieden, was gezählt wurde?

Wer etwas zählt, unterteilt die Welt in zwei Klassen: Dinge, die gezählt werden sollen, und Dinge, die nicht gezählt werden sollen. Angenommen, es ist die Anzahl der Kinder zu bestimmen, die in Armut leben. Zunächst müssen wir definieren, was ein „in Armut lebendes Kind" ist. Was ist ein Kind? Alle Personen unter 16 Jahren? Oder unter 18? Unter 21? Was ist mit Personen über 21 Jahren, die noch von den Eltern abhängig sind und mit einem oder beiden Elternteilen in einem Haushalt leben? Und was zählt als Armut? Soll sich unsere Definition ausschließlich auf das Einkommen beziehen? Was zählt als Einkommen – sollen beispielsweise Lebensmittelgutscheine mitgerechnet werden? Sollen wir auch berücksichtigen, wie viele Personen in dem Haushalt leben?

Bevor man „in Armut lebende Kinder" – oder was auch immer – zählt, ist man gezwungen, sich vielen solchen Fragen zu stellen. Das Ergebnis ist eine Art Definition: Dies bezeichnen wir als „in Armut lebende Kinder", jenes aber nicht. Solche Definitionen sind sehr wichtig, denn sie bestimmen, was gezählt wird, und entscheiden damit, was für eine Statistik schließlich herauskommt: Setzen wir die Altersgrenze in Armut lebender Kinder bei 18 Jahren an, zählen wir weniger Fälle, als wenn wir sie bei 21 Jahren ansetzen, und so fort.

Jede Statistik erfordert irgendeine Form von Definition, die festlegt, was gezählt wird. Daher ist es wichtig, darüber nachzudenken, inwiefern die Art der Definition die Qualität der Daten beeinflussen kann.

E1 | Breite Definitionen

Wer ein soziales Problem anprangert, definiert dieses Problem möglichst breit. Dafür gibt es mindestens zwei Gründe. Zum einen behaupten die Verfechter oft, auf lange vernachlässigte Sachverhalte hinzuweisen, auf Fragen, die in der Vergangenheit nicht die ihnen zustehende Aufmerksamkeit erfahren haben. Definieren sie ihr Problem zu eng, dann kann man ihnen selbst wieder vorwerfen, sie würden die Leute verleiten, ähnlich gelagerte Probleme zu ignorieren, die aber ebenfalls Aufmerksamkeit verdienen.

Ein zweiter Vorteil breiter Definitionen ist: Man zählt wesentlich mehr Fälle, womit sich größere statistische

Schätzwerte rechtfertigen lassen; und große Zahlen passen zu großen Problemen. Die Daten erschrecken das Publikum, und die Wortführer wirken überzeugender. Wie wir schon gesehen haben, ist es leicht, öffentliches Interesse zu erregen, indem man extreme, wenig typische Fälle mit einer sehr großzügigen Abschätzung des Ausmaßes des Problems kombiniert.

Achtung, aufgepasst!

Definitionen, die sehr viele verschiedene Fälle zu umfassen scheinen

Bezeichnungen, die allgemeiner wirken als die Beispiele, die zu ihrer Verdeutlichung herangezogen werden

Beispiel: Einschneidende Zahlen für die Medien

Kürzlich verkündeten die Schlagzeilen, ein Fünftel aller College-Studenten in den Vereinigten Staaten zeige selbstverletzendes Verhalten. Die Nachrichten fassten eine Studie aus einer bekannten medizinischen Fachzeitschrift zusammen, in deren Rahmen Wissenschaftler 8 300 willkürlich ausgewählte Studenten von zwei Universitäten der Ivy League (acht Eliteuniversitäten im Nordosten der Vereinigten Staaten) gebeten hatten, an einer Internetbefragung teilzunehmen. Sie erhielten 2 875 verwendbare Rückläufer (das sind 35 % der Befragten).

Unter den Rückmeldungen gaben 490 Personen (17 %, von vielen Medien auf „ein Fünftel" gerundet, obwohl es eher „ein Sechstel" ist) an, selbstverletzendes Verhalten (SVV) irgendeiner Art ausgeübt zu haben. Die verbreitetste Form von SVV (von über der Hälfte der Personen angegeben) war gleichzeitig die harmloseste, „heftige Kratzer oder Kniffe mit Fingernägeln oder Gegenständen, bis es blutete oder Abdrücke auf der Haut zurückblieben." Demgegenüber gaben nur 46 Personen an (9,4 % derer, die SVV angaben, oder 1,6 % aller Antwortenden), sich so schwere

Verletzungen zugefügt zu haben, dass „ärztliche Behandlung notwendig gewesen wäre". (Dieses Ergebnis bestätigt unsere Faustregel: Schlimme Ereignisse treten in der Regel seltener auf.)

Eine dramatische Statistik („Ein Fünftel aller Studenten verletzt sich selbst") macht es Leuten, die meinen, ein bestimmtes Problem verdiene mehr Aufmerksamkeit, leichter, das Interesse der Medien auf sich zu ziehen. Eine möglichst breite Definition (die zu den „Selbstverletzungen" auch Vorfälle zählt, bei denen „ein Abdruck auf der Haut zurückbleibt") führt zu größtmöglichen Schätzwerten für das Ausmaß des Problems. Wer sich auf die wirklich schlimmen, aber seltenen Fälle beschränkt, schafft es nicht in die Schlagzeilen. Man kann sich kaum vorstellen, dass sich die Medien auf folgende Behauptung gestürzt hätten: „Weniger als zwei Prozent aller College-Studenten verletzen sich selbst so schwer, dass sie ärztlich behandelt werden müssen."

E2 | Ausgeweitete Definitionen

Der Vorteil, den breite Definitionen mit sich bringen, hat oft zur Folge, dass die Grenzen sozialer Probleme schleichend gedehnt werden: Mit der Zeit werden immer mehr Fälle und Erscheinungen einbezogen. In der Soziologie bezeichnet man dieses Phänomen als Feldexpansion (*domain expansion*[2]). Ursprünglich verstand man zum Beispiel unter Kindesmisshandlung ausschließlich eine körperliche Misshandlung, später kamen sexueller Missbrauch, emotionale Gewalt und anderes hinzu. In ähnlicher Weise bezog sich der Ausdruck Hasskriminalität zunächst nur auf Übergriffe aus Gründen der Rassen- oder Religionszugehörigkeit. Bald jedoch zählten dazu auch Verbrechen aus Gründen der sexuellen Orientierung, und manche Leute fordern, auch geschlechtliche Diskriminierungen in die Liste aufzunehmen.[3]

Eine offensichtliche Konsequenz dieser Feldexpansion ist, dass die statistischen Schätzungen für das Ausmaß des Problems mit der Zeit zunehmen. Eine breitere Definition führt zu größeren Zahlen, und größere Zahlen implizieren ein größeres Problem, das wiederum mehr Aufmerksamkeit erfordert.

 Achtung, aufgepasst!
Definitionen, die auf immer mehr Fälle ausgedehnt werden

Beispiel: Übergewichtige nehmen plötzlich zu

Im Jahr 1998 wurde die offizielle Definition des Begriffs „Übergewichtigkeit" in den Vereinigten Staaten geändert. Bis dahin hatte die obere Grenze für Normalgewichtigkeit bei Männern bei einem Body-Mass-Index (BMI) von 28, bei Frauen bei einem BMI von 27 gelegen. Nun wurde diese Grenze für beide Geschlechter auf 25 herabgesetzt.[4] Aufgrund der Neudefinition galten 29 Millionen zuvor normalgewichtige Amerikaner plötzlich als übergewichtig und hatten ein behördlich anerkanntes medizinisches Problem.
Diese Änderung hatte weitreichende gesellschaftliche Auswirkungen, obwohl nicht eine einzige Person auch nur ein einziges Kilo zugenommen hatte. Weil mehr Amerikanern Gewichtsprobleme zugeschrieben wurden, erhielt die medizinische Forschung auf diesem Gebiet größere Bedeutung (denn sie war nun für mehr Personen zuständig). Behörden, die unter anderem mit dem Körpergewicht befasst sind (wie die Seuchenbekämpfungsbehörde Centers for Diesease Control and Prevention, CDC), erfuhren eine Aufwertung. Pharmazeutische Unternehmen, die Medikamente zur Gewichtsreduktion entwickeln, konnten mit höheren Gewinnen rechnen usw.[5]

E3 | Geänderte Definitionen

Es mag gute Gründe geben, Definitionen zu ändern. Vielleicht war die ursprüngliche Definition zu eng gefasst. Aber selbst wenn eine neue Definition gerechtfertigt ist, sollten sich alle darüber im Klaren sein, dass sich zwei Statistiken, die auf verschiedenen Definitionen beruhen, nicht vergleichen lassen. Wenn wir in einem Jahr die Anzahl bestimmter Fälle nach einer engen Definition zählen und im nächsten Jahr nach einer breiteren Definition, erhalten wir bei der zweiten Zählung fast zwangsläufig eine größere Zahl, selbst wenn sich in Bezug auf den eigentlichen Sachverhalt überhaupt nichts geändert hat. Das ist einer der Gründe dafür, dass man stets vorsichtig sein sollte, wenn man versucht, Veränderungen zu messen. Wenn nämlich zwischen zwei Messungen eine Definition modifiziert wurde, können die Statistiken vollkommen irreführend sein.

 Achtung, aufgepasst!

Neudefinitionen, die eine Auswirkung auf das Ausmaß eines Problems haben können

Statistische Aussagen zu einer zeitlichen Entwicklung, der zu verschiedenen Zeiten verschiedene Definitionen zugrunde gelegt wurden

Beispiel: Sind feuchte Gebiete wirklich Feuchtgebiete?

Am 30. März 2006 veröffentlichte die damalige amerikanische Innenministerin Gale Norton einen Bericht der Behörde für Natur-

und Artenschutz (United States Fish and Wildlife Services), in dem behauptet wurde, die Fläche der Feuchtgebiete in Amerika habe zum ersten Mal seit Beginn der Datenerfassung im Jahre 1954 zugenommen. Die Ministerin wurde mit den Worten zitiert: „Dieser Bericht, der Teil der Initiative von Präsident Bush zur Erhaltung der Feuchtgebiete ist, lässt einen positiven Trend erkennen … Obwohl die Lage bezüglich der Feuchtgebiete insgesamt immer noch bedrohlich ist, zeigt dieser Bericht, dass wir mit unseren landesweiten Bemühungen zur Einschränkung der Verluste und zur Wiedergewinnung von Feuchtgebieten auf dem richtigen Weg sind."[6] Dieser Bericht erfuhr herbe Kritik von Naturschützern, die darauf hinwiesen, dass der scheinbare Zuwachs ausschließlich auf der Anwendung einer neuen, breiteren Definition des Begriffs „Feuchtgebiet" beruhe, die unter anderem auch Hindernisteiche auf Golfplätzen und andere künstlich angelegte Wasserflächen einbezieht.[7] (Tatsächlich wurde in dem Bericht eingestanden, die Gesamtfläche der Sümpfe, Auen und anderen natürlichen Feuchtgebiete habe abgenommen. Es wurde betont, dass der Bericht keine Aussagen zur Qualität oder dem Zustand der Feuchtgebiete trifft.[8])

Wann sind feuchte Gebiete „Feuchtgebiete"? Offenbar geht es in dieser Diskussion um eine Definition. Möglicherweise waren die Gründe für die Neudefinition durch die Behörden wirklich gerechtfertigt: Vielleicht kann man tatsächlich argumentieren, dass künstlich angelegte Wasserflächen in mancher Hinsicht ähnliche ökologische Vorteile bringen wie natürliche Feuchtgebiete. Selbst wenn die neue Definition sinnvoll ist, sollte man aber nicht von einer Flächenzunahme der Feuchtgebiete sprechen, wenn der Zuwachs offenbar ausschließlich auf die Anwendung einer breiteren Definition zurückzuführen ist. Will man Zustände zu verschiedenen Zeiten vergleichen, muss man dieselbe Definition verwenden.

E4 | Was nicht gezählt wurde

Definitionen legen nicht nur fest, was in eine Zählung eingeht, sondern sie bestimmen ebenso – wenn auch nur indirekt –, was nicht gezählt wird. Dieser Punkt ist wichtig, denn die Wortführer einer Kampagne lenken unsere Aufmerksamkeit gewöhnlich auf die schlimmsten Fälle. Zur Einschätzung der Daten hilft es oft, einen Schritt zurückzutreten und die Angelegenheit unter einem allgemeineren Gesichtspunkt zu betrachten. Wir sollten wissen, was gezählt wurde, aber eben auch, was nicht gezählt wurde.

 Achtung, aufgepasst!
Einschränkungen: Was wird von einer Definition ausgeschlossen?

Beispiel: Jugendliche Mütter und ältere Väter

In der jüngeren Vergangenheit zeigten sich die amerikanischen Medien mehrfach überrascht und besorgt angesichts des Altersunterschieds zwischen Müttern unter 20 Jahren und ihren männlichen Sexualpartnern.[9] Den Statistiken zufolge haben die meisten Kinder, deren Mütter noch Teenager sind, Väter, die 20 Jahre alt oder älter sind. Gern hervorgehoben wurden dabei besonders drastische Fälle (die jüngsten Mütter mit den ältesten Vätern). In einer Untersuchung hieß es, bei einem Sechstel aller Babys von Müttern unter 20 sei der Vater mindestens 25 Jahre alt.[10]

Solche Statistiken fesseln unsere Aufmerksamkeit – allerdings nur für relativ wenige Fälle. Überlegen wir, was durch diese Fokussierung alles nicht berücksichtigt wurde. Erstens hat rund die Hälfte aller amerikanischen Frauen unter 18 Jahren keinen Geschlechtsverkehr. Zweitens ist der Partner der meisten Frauen (über 60 %), die in diesem Alter bereits regelmäßig Geschlechtsverkehr haben, höchstens zwei Jahre älter. Drittens beträgt der Altersunterschied in 60 % aller restlichen Fälle nur drei oder vier Jahre. Eine einfache Rechnung zeigt, dass weniger als 8 % der jungen Frauen einen Geschlechtspartner haben, der um fünf oder mehr Jahre älter ist.[11] Hinzu kommt noch, dass ein großer Teil der sexuell aktiven Teenager nicht schwanger wird oder das Baby nicht austrägt.

Woher kommt dann aber das oben zitierte „Sechstel" aller Babys mit Müttern unter 20 und Vätern über 24? Diese Zahl beruht auf einer kalifornischen Studie aus dem Jahr 2002, die 51 000 Geburten betrachtete, bei denen die Mutter noch nicht 20 Jahre alt war.[12] Ein Blick in diese Studie hilft, die Struktur der erhobenen Daten besser zu verstehen. Erstens waren zwei Drittel der Mütter in dieser Statistik 18 oder 19 Jahre alt, also gesetzlich volljährig. In diese Gruppe fielen bereits 80 % der Fälle, in denen der Vater mindestens 25 Jahre alt war. Zweitens war rund ein Drittel der Mütter unter 20, deren Partner mindestens 25 Jahre alt war, mit diesem verheiratet. Zählt man nur die „Problem"-Geburten unverheirateter Mütter unter 18 Jahren mit Vätern über 24, so bleiben weniger als 1000 oder rund 2 % aller ursprünglich gezählten Fälle übrig. Dieses Beispiel bestätigt wieder einmal unsere Faustregel: Die schlimmsten Fälle sind die seltensten.

Soziologen kämpfen oft damit, die Aufmerksamkeit auf besorgniserregende Umstände zu lenken, ohne gleichzeitig den Blick aufs Ganze zu verlieren. Möchte man die Zusammenhänge wirklich verstehen, muss man beides im Blick behalten. Eine einzelne statistische Angabe – ein Sechstel aller Babys von Teenage-Müttern haben wesentlich ältere Väter – vermittelt zwar eine gewisse Information, verschweigt aber die Struktur der zugrunde liegenden Daten, anhand derer man diese Zahl in einen breiteren Kontext stellen könnte.

F

Kriterien: Wie wurde gezählt?

Nachdem sie definiert haben, was gezählt werden soll, müssen die Ersteller einer Statistik tatsächlich ans Zählen gehen. Dazu müssen sie Methoden oder Vorschriften entwickeln, wie das, was gezählt werden soll, gemessen werden kann. Das führt uns zur nächsten Frage: Wie wird bei der zahlenmäßigen Erfassung eines Sachverhalts vorgegangen?

Angenommen, es soll die Einstellung der breiten Öffentlichkeit zu homosexuellen Lebenspartnerschaften gemessen werden. Eine naheliegende Möglichkeit wäre eine Befragung, doch dabei ergeben sich sofort einige praktische Probleme, zum Beispiel: Wie sollen die befragten Personen ausgewählt werden? Wie soll die Befragung vorgenommen werden? Wie sollen die Fragen formuliert werden? Diese Punkte sind alles andere als trivial. In jedem einzelnen Fall muss eine Wahl getroffen werden, die das Ergebnis der Befragung beeinflussen kann.

Schon lange macht man sich Gedanken über die richtige Vorgehensweise bei soziologischen Erhebungen, und wir wissen heute eine Menge über Messprobleme und mögliche Lösungen. In der Aus- und Weiterbildung lernen die Leute, welchen Ansatz man wählen sollte, wie man eine Stichprobe festlegt und wie man Fragen formulieren muss, um möglichst aussagekräftige Antworten zu erhalten. Idealerweise werden zu jeder veröffentlichten Statistik die verwendeten Methoden angegeben, sodass andere die Zahlen richtig einschätzen können. In wissenschaftlichen Artikeln findet man in der Regel einen Abschnitt zur Methodologie, in der die Details der Datenerhebung beschrieben werden. In guten Zeitungsberichten werden die wichtigsten Einzelheiten wie Anzahl der befragten Personen, das Vertrauensintervall (z. B. eine Genauigkeit des Ergebnisses von 2–3 %) und manchmal sogar der Wortlaut der Fragen wiedergegeben. Solche Informationen helfen dem Leser, der sich mit den Zahlen auseinander setzt, zu entscheiden, in welchem Maße er der Statistik vertraut.

Das ist, wohlgemerkt, der Idealfall. In der Praxis werden Fragen der Messmethodik häufig entweder heruntergespielt oder gar schon bei der Messung selbst übergangen, oder sie geraten in Vergessenheit, nachdem die Zahlen einmal veröffentlicht wurden. Warum bestimmte Kriterien gewählt wurden und welchen Einfluss sie auf die Ergebnisse haben können, wird von den Verfassern der Statistik nicht erklärt und von jenen, die sie wiedergeben, nicht gefragt. Ohne diese Informationen kann es jedoch sehr schwer sein, Bedeutung und Wert einer Statistik einzuschätzen.

F1 | **Wahl der Kriterien**

Jede Statistik ist das Ergebnis bestimmter Entscheidungen in Bezug auf das zu Messende. Verschiedene Entscheidungen führen zu verschiedenen Ergebnissen. Viele der uns vertrauten Statistiken aus dem sozialen Bereich – Bevölkerungszahlen, Arbeitslosenzahlen, Verbraucherpreisindex, Armutszahlen, Kriminalitätszahlen – haben Kritiker, die den methodischen Ansatz infrage stellen. Ein Einwand lautet, die Kriterien seien zu eng. So gibt es eine anhaltende Debatte um die Arbeitslosenzahlen, bei denen nur die Arbeitslosen gezählt werden, die auch als solche gemeldet sind, nicht aber diejenigen, die sich völlig aus dem Arbeitsleben ausgeklinkt haben und sich deshalb aus verschiedenen Gründen nicht arbeitslos melden. Die offizielle Arbeitslosenzahl ist somit kleiner als der tatsächliche Anteil der Bevölkerung, der keine Arbeit hat. In anderen Fällen wird kritisiert, die Kriterien seien zu weit gefasst; beispielsweise würde der Verbraucherpreisindex (VPI) den tatsächlichen Anstieg der Lebenshaltungskosten übertreiben. Aus politischen und ökonomischen Gründen ist der VPI von besonderer Bedeutung. Unter anderem beurteilt die Europäische Zentralbank die Inflationsraten in den einzelnen Ländern nach diesem Index und verwendet den VPI der Eurozone als Indikator für ihre Geldpolitik. In manchen Ländern sind die Sozialhilfe oder die Sozialabgaben an diesen Index gekoppelt.

Bei offiziellen Statistiken wie Arbeitslosenzahlen oder Verbraucherpreisindex werden die angewendeten Verfahren öffentlich zugänglich gemacht. Es fällt nicht schwer, die Kriterien in Erfahrung zu bringen, auf denen die Zahlen beruhen, Schwächen darin zu finden und Verbesserungsvorschläge anzubringen. In anderen Fällen kann es wesentlich schwieriger sein, die genauen Begleitumstände der Datenerhebung zu erfahren. Oft präsentieren die Wortführer einer Kampagne einfach eine Zahl, einen Schätzwert (beispielsweise für das Ausmaß eines sozialen Problems), ohne zu erläutern, wie sie zu dieser Zahl gekommen sind. Selbst wenn sie eigentlich nichts dagegen haben, ihre Methoden zu veröffentlichen, tauchen die entsprechenden Angaben in den Medienberichten oft nicht mehr auf. So werden wir mit Zahlen konfrontiert, die einfach als Tatsachen dargestellt werden, ohne zu erfahren, wer hier gezählt hat und wie.

Immer, wenn Sie eine Zahl hören, sollten Sie deshalb einen Augenblick innehalten und sich fragen: Woher wissen die das? Wie konnten sie das bestimmen? Solche Fragen sind besonders dann angebracht, wenn die Verfasser der Statistik behaupten, Dinge gemessen zu haben, die normalerweise niemand freiwillig preisgibt. Wie können wir beispielsweise die Zahl der illegalen Einwanderer messen oder die Summen, die für verbotene Drogen ausgegeben werden? In vielen Fällen zeigt schon eine kurze Überlegung, dass eine scheinbar felsenfeste Behauptung auf wackligen Methoden beruhen muss.

Achtung, aufgepasst!

Zahlen, die ohne ausreichende Angaben über die Art der Erhebung angegeben werden

Kritik an den Messmethoden anderer

Beispiel: Wo fehlt der Produktivitätsverlust?

In den vergangenen Jahren wurde es üblich, soziale Probleme nach ihrem Produktivitätsverlust zu bewerten. Die Ausfälle werden typischerweise auf Milliarden Euro oder Dollar beziffert. (Beispiele für die Vereinigten Staaten finden Sie in Tabelle 2.)

Hinter solchen Behauptungen steckt die Idee, dass soziale Probleme die Fähigkeit der Menschen beeinträchtigen, produktive Arbeit zu leisten. Alkoholismus zum Beispiel schadet der Produktivität, weil die Betroffenen verkatert zur Arbeit gehen, sich krank melden, wegen Rehabilitationsmaßnahmen ausfallen oder was auch immer. Der Produktivitätsverlust ist der Wert der Arbeit, die eine Person ohne solche Beeinträchtigungen hätte verrichten können

Die Zahlen in Tabelle 2 habe ich den ersten hundert Treffern einer Google-Suche mit dem Stichwort *„lost productivity"* entnommen. Zunächst fällt auf, dass es sich um sehr große Zahlen handelt. Das gesamte Bruttoinlandsprodukt der Vereinigten Staaten liegt bei 13 Billionen Dollar (auch ein nützlicher Eckwert) – das sind dreizehntausend Milliarden. Bildet man in Tabelle 2, die nur aus den ersten hundert Treffern meiner Suche zusammengestellt ist, die Summe der Verluste, so erhält man bereits mehr als 10 % dieses Werts. Es ist zu vermuten, dass eine umfassende Suche nach allen Produktivitätsverlusten auf eine Summe führt, die dem Bruttoinlandsprodukt entspricht oder sogar darüber liegt. (Zugegeben: Manche der Stichpunkte in Tabelle 2 überschneiden sich, zum Beispiel die allgemeine Rubrik „Gesundheitsprobleme" und Rubriken für spezielle Gesundheitsprobleme (Rauchen, Schlafstörungen usw.). Deshalb ist es nicht ganz fair, einfach die Summe aller Zahlen zu bilden.

Tabelle 2 Schätzwerte für Produktivitätsverluste in den USA, aufgelistet nach Gründen.

Grund des Produktivitätsverlusts	Kosten (Millionen Dollar)
Zeitverschwendung bei der Arbeit (2006)	544
Stressfaktor Elternschaft (2006)	300
Gesundheitliche Probleme (2005)	260
Rauchen (2005)	167
Chronische Schlafstörungen (2006)	150
Illegaler Drogenkonsum (2002)	129
Refluxkrankheit (Entzündung der Speiseröhre) (2005)	100
Alkoholmissbrauch (1998)	88
Nicht bewältigte Trauer (2002)	75
Fehlende Krankenversicherung (2003)	65–130
Depressionen (2006)	37
Pflege älterer Angehöriger (2005)	29
Spam-E-Mails (2003)	20
Bipolare Störungen (2006)	14
Chronisches Müdigkeitssyndrom, CFS (2004)	9
March Madness (ein über drei Wochen andauerndes landesweites Basketballturnier in den Vereinigten Staaten) (2006)	4

(Anmerkung: Die Beispiele stammen aus einer Google-Suche nach "*lost productivity*".)

Bei der Google-Suche nach „*lost productivity*" findet man auch Webseiten von Anwälten und Wirtschaftsfachleuten, die sich auf die Abschätzung von Produktivitätsverlusten spezialisiert haben. Sie verdienen ihr Geld damit, dass Unternehmen unter bestimmten Umständen die Erstattung von Produktivitätsverlusten einklagen können. Der Kläger hat dann natürlich großes Interesse daran, seine Verluste möglichst gewaltig darzustellen. Wie wir wissen, bevorzugen auch Verfechter sozialer Kampagnen Statistiken, die das von ihnen attackierte Problem möglichst groß erscheinen lassen.

Untersuchen wir einige Schwierigkeiten bei der Messung von Produktivitätsverlusten. Betrachten wir als Beispiel die 75 Milliarden Dollar, die angeblich zurückzuführen sind auf „nicht bewältigte Trauer" („beim Tod eines nahen Angehörigen, bei Scheidung oder Eheproblemen, persönlichen finanziellen Verlusten oder beim Tod eines Haustiers").[1] Wie kann man solcherart verdrängte Trauer messen und ihr einen Geldwert zuschreiben, insbesondere angesichts dessen, dass sie „verdrängt" wird? Vermutlich gelangt man zu dieser Zahl, indem man zunächst die Anzahl der Arbeitnehmer abschätzt, die pro Jahr einen (wie auch immer gearteten) Trauerfall erleben, dann die Zeit, die diese Trauer typischerweise anhält, und schließlich den Geldwert, dem die Produktivität eines durchschnittlichen Arbeitnehmers pro Tag oder Stunde entspricht. Dann bildet man das Produkt aus der Anzahl der Betroffenen, der mittleren Dauer der Beeinträchtigung und dem Wert der Produktivität pro Zeiteinheit; das Ergebnis ist ein Schätzwert für den Produktivitätsverlust aufgrund verdrängter Trauer.

An jeder dieser Zahlen kann man drehen: Korrigiert man die Zahl der Betroffenen, die mittlere Dauer der Beeinträchtigung oder den Wert der Produktivität nach oben oder unten, erhält man völlig andere Zahlen für den Produktivitätsverlust. Anders gesagt: Die Statistik hängt entscheidend von der Wahl der Werte ab. Wie Sie sehen, bereitet es ziemliche Schwierigkeiten, Produktivitätsverluste zu messen. Die Zahlen sollte man deshalb bestenfalls als grobe Schätzungen auffassen.

F2 | Ungewöhnliche Untersuchungseinheiten

Die meisten sozialen Statistiken beziehen sich auf einzelne Personen als Objekte der Untersuchung (der Fachausdruck lautet „Untersuchungseinheit"). So gibt die Armutsrate der Vereinigten Staaten den Anteil der amerikanischen

Staatsbürger an, die arm sind. Manchmal hat eine Statistik auch eine bestimmte Personenklasse im Blick (welcher Anteil aller Kinder, aller Afroamerikaner, aller farbigen Kinder usw. ist arm?), aber auch dann ist die Einzelperson die Untersuchungseinheit. Weil uns diese Einheit so vertraut ist, vergessen wir leicht, dass man auch andere Einheiten wählen kann, etwa Haushalte oder Familien, die auch in einigen Beispielen dieses Buches vorkommen.

Auch geografische Einheiten dienen häufig als Untersuchungseinheiten der Statistiker. Wenn wir beispielsweise sagen, dass 98 % aller Länder (das sind alle bis auf drei) das metrische System verwenden, behandeln wir ein einzelnes Land als Untersuchungseinheit. Verglichen werden auch Bundesländer, Städte und manchmal sogar Firmen oder Schulbezirke.

In vielen Fällen ist es durchaus sinnvoll, einer Untersuchung andere Einheiten als Personen zugrunde zu legen, und trotzdem sollten wir in solchen Fällen besonders vorsichtig sein. Geografische Einheiten wie Länder oder Städte unterscheiden sich teilweise erheblich hinsichtlich Bevölkerungszahl, Fläche oder Wirtschaftssystem. Werden diese Unterschiede bei Vergleichen nicht berücksichtigt, kann man irreführende Ergebnisse erhalten.

Achtung, aufgepasst!

Ungewöhnliche Untersuchungseinheiten, die einen großen Einfluss auf die Statistik haben können

Beispiel: Distrikte als Einheit

Im Jahre 2006 veröffentlichte die Nationale Vereinigung der US-amerikanischen Landkreise (National Association of Counties, NACo) einen Bericht mit dem Titel „Die Meth-Epidemie in Amerika". (Meth ist eine umgangssprachliche Kurzform für die Droge Meth(yl)amphetamin). Der Bericht berief sich auf eine Erhebung unter 500 zufällig ausgewählten Distriktsheriffs.[2] Dort hieß es, Meth sei nach wie vor die Problemdroge Nummer eins; dies hätten 48 % der Sheriffs, die auf die Fragen geantwortet hätten, für ihren Distrikt bestätigt. Das klingt überraschend, denn in den wenigsten Medienberichten ist von Meth die Rede. Wie schaffte es diese Droge also an die Spitze der Problemliste?

Die Antwort liegt in der Sichtweise der NACo, der Organisation, die den Bericht veröffentlicht hat. Sie vertritt die 3 066 Distrikte (Landkreise) in den Vereinigten Staaten. Distrikte können sehr unterschiedliche Bevölkerungszahlen aufweisen – von 9,5 Millionen Einwohnern (Los Angeles County im Jahr 2000) bis zu 67 Einwohnern (Loving County, Texas). Auch ihre Fläche variiert stark, von 227 560 Quadratkilometern (North Slope Borough, Alaska) bis zu 67 Quadratkilometern (Arlington County, Virginia). In mancher Hinsicht betrachtet die NACo jedoch sämtliche Distrikte als gleichwertig; beim Erheben statistischer Daten dient ein Distrikt als Untersuchungseinheit.

Obwohl der Bericht über die Drogenprobleme keine Einzelheiten zur Auswahl der Stichprobe angibt, lassen sich aus den Bemerkungen zu den Statistiken doch einige Rückschlüsse ziehen. Nur drei der 58 Distrikte in Kalifornien wurden ausgewählt, im Kontrast zu 44 von 254 Distrikten in Texas und 28 von 99 Distrikten in Iowa. Mehr als die Hälfte der ausgewählten Distrikte hatten weniger als 25 000 Einwohner, 90 % weniger als 100 000. Auch wenn es für eine Vereinigung zur Vertretung der Interessen von Distrikten natürlich erscheinen mag, Distrikte als Untersuchungseinheit zu wählen, kann diese Art der Messung die Ergebnisse ziemlich verzerren. Bundesstaaten mit vielen ländlichen Gegenden haben oft mehr (und dünner besiedelte) Distrikte als Bundesstaaten mit größerer Bevölkerungsdichte. Handel und Konsum von Methamphetamin sind in ländlichen Gegenden tendenziell ausgeprägter, wohingegen die Droge in den meisten Großstädten nie besonders populär wurde.[3] Die Distriktauswahl der NACo enthielt sehr viele ländliche Distrikte, also genau die Gegenden, in denen Methamphetamin verbreiteter ist. Da die Bedeutung von Methamphetamin nicht an der Anzahl der Abhängigen gemessen wurde, sondern an der Anzahl Distriktsheriffs, die darin ein besonderes Problem sehen, gelangte der Bericht zu seiner eigenartigen Schlussfolgerung.

F3 | Suggestivfragen

Viele Statistiken stellen die Ergebnisse von Befragungen irgendeiner Art dar, deren Antworten ausgezählt und dann für eine größere Bevölkerungsgruppe verallgemeinert werden. Die Schlussfolgerungen solcher Erhebungen können dramatisch von der Messmethode abhängen. Die Meinung einer nichtrepräsentativen Gruppe sagt beispielsweise nichts über die allgemeinen Ansichten der Bevölkerung aus (siehe Abschnitt G.2). Weitere signifikante Faktoren sind die Reihenfolge, in der die Fragen gestellt werden, die Art, in der die Fragen gestellt werden, die Personen, die die Fragen stellen und der genaue Wortlaut der Fragen.

Die Leute, die solche Umfragen ausarbeiten, sind sich dieser Probleme durchaus bewusst, aber sie gehen unterschiedlich damit um. Es gibt einige sehr bekannte unabhängige Meinungsforschungsinstitute, in Deutschland etwa INFAS, die ihren Ruf ihrer Genauigkeit und Objektivität verdanken. Doch Umfragen kosten Geld, und jemand muss sie bezahlen. In vielen Fällen werden die Umfragen von Personen in Auftrag gegeben, die ein persönliches Interesse an den Ergebnissen haben – anders ausgedrückt, die sich von dem Umfrageergebnis eine Unterstützung ihrer eigenen (wie auch immer gearteten) Position erhoffen. Unter diesen Umständen können sowohl die Auftraggeber (also die Kunden der Institute) als auch die Institute selbst in Versuchung geraten, sich für eine Methode (zum Beispiel eine bestimmte Wortwahl bei den Fragen) zu entscheiden, die das gewünschte Ergebnis wahrscheinlicher werden lässt.

Achtung, aufgepasst!

Erhebungen, die von Wortführern einer Kampagne in Auftrag gegeben wurden

Umfrageergebnisse, bei denen der genaue Wortlaut der Fragen nicht bekannt gemacht wird

Formulierungen von Fragen, die bestimmte Antworten suggerieren

Beispiel: Belege für die öffentliche Meinung

Wenn umstrittene Themen zur Debatte stehen, werden oft gegensätzliche Positionen gleichermaßen als „die öffentliche Meinung" ausgegeben. Sowohl die Befürworter als auch die Gegner von Schwangerschaftsabbrüchen in den Vereinigten Staaten behaupten, die meisten Amerikaner würden die von ihnen vertretene Meinung teilen. Das gleiche Phänomen beobachtete man bei der Diskussion über Zulassung oder Verbot des Waffenbesitzes. Beide Lager zitieren zu ihrer Unterstützung Umfrageergebnisse. Wie kann aber die Mehrheit der Bevölkerung beide Seiten gleichzeitig unterstützen? Der Grund sind Fragen, die die Antworten suggerieren.

Betrachten wir als Beispiel eine Debatte, die in den 1990er Jahren in den Vereinigten Staaten heftig geführt wurde. (Aus dieser Zeit stammen auch die unten zitierten Fragen, die bei Erhebungen gestellt wurden.) Es ging um sogenannte „School Vouchers", aus öffentlichen Mitteln finanzierte Gutscheine, mit denen Eltern eine Privatschule für die Ausbildung ihres Kindes bezahlen konnten. Der Streitpunkt war, ob Steuereinnahmen, die ebenso gut zur Verbesserung der Ausbildung an den öffentlichen Schulen eingesetzt werden konnten, nun an nichtstaatliche Institutionen fließen sollten.

Die National Education Association (NEA – eine Organisation, die die Interessen der Lehrer an öffentlichen Schulen vertritt und gegen das Gutscheinsystem ist) gab eine Studie in Auftrag, bei der unter anderem Folgendes gefragt wurde: „Sind Sie der Meinung, dass Steuergelder dafür eingesetzt werden sollen, Eltern die Möglichkeit zu geben, ihre Kinder zu privaten oder kirchlichen Schulen zu schicken, oder sollten die Steuergelder in die Verbesserung der öffentlichen Schulen fließen?" Die NEA berichtete stolz, dass sich sogar 61 % der republikanischen Wähler (einer Bevölkerungsgruppe, von der man eher Unterstützung für das Gutscheinsystem erwartet) dafür ausgesprochen hätten, die Steuergelder zur Verbesserung der öffentlichen Schulen zu verwenden. Befürworter des Gutscheinsystems beschwerten sich, die Frage sei suggestiv formuliert worden. Die Betonung habe ausschließlich auf der Verwendung der Steuergelder gelegen statt auf dem Selbstbestimmungsrecht der Eltern, die Schule für ihre Kinder frei wählen zu können.[4]

Im Gegenzug unterstützte das Center for Education Reform (CER – eine Organisation, die für das Gutscheinsystem ist) eine Erhebung, bei der die folgende Frage gestellt wurde: „Würden Sie es befürworten, dass Eltern wählen dürfen, zu welcher Schule sie ihre Kinder schicken – öffentlich, privat oder kirchlich –, oder sollen Eltern ihre Kinder zu einer Schule schicken müssen, die ihnen vorgeschrieben wird?" Das CER gab nicht weniger stolz bekannt, 60 % der Eltern, deren Kinder öffentliche Schulen besuchen (die Gruppe, von der man eher eine Ablehnung des Gutscheinsystems erwartet), würden die freie Schulwahl bevorzugten. Doch die Frage des CER ist kaum weniger voreingenommen als die der NEA: Das CER betont die Wahlfreiheit, ohne zu erwähnen, dass diese Freiheit aus öffentlichen Mitteln bezahlt werden soll. Wer die

Frage bejaht hat, wollte vielleicht nur zum Ausdruck bringen, dass er das Selbstbestimmungsrecht der Eltern bei der Schulwahl für ihre Kinder befürwortet und nichts weiter.

Wenn zwei Parteien gegensätzlicher Meinung in einer Debatte behaupten, sie hätten jeweils die Bevölkerungsmehrheit auf ihrer Seite, dann ist es an der Zeit, sich die Fragen genauer anzuschauen, die den Leuten gestellt wurden.

F4 | Geänderte Vergleichswerte

Statistiken messen ein soziales Problem oftmals im Vergleich zu einem Richtwert, den man in vielen Fällen stillschweigend den Idealzustand betrachtet: Es wäre wünschenswert, wenn es keine Kriminalität gäbe, keinen Kindesmissbrauch und keine Verkehrsunfälle. In der Praxis versuchen wir, die Probleme über einen größeren Zeitraum zu verfolgen und festzustellen, ob sich die Lage verbessert oder verschlechtert. Dann lesen wir, dass die Kriminalitätsrate im vergangenen Jahr um X Prozent zu- oder abgenommen hat oder dass die Anzahl der Verkehrstoten pro 100 Millionen gefahrener Kilometer in den vergangenen vier Jahrzehnten stetig gesunken ist. Wir können die betrachteten Probleme zwar niemals vollkommen beseitigen, aber solche Vergleiche erlauben uns, zumindest manchmal von einem Fortschritt zu sprechen.

In anderen Fällen wäre „absolut null" für einen Vergleich vollkommen unangemessen. Wenn der Arzt Ihren Blutdruck misst, wäre eine Null auf der Anzeige eine schlimme Sache. Stattdessen definieren Gesundheitsbehörden einen Wertebereich, der für den Blutdruck oder das Körpergewicht als wünschenswert gilt. Mit anderen

Worten: Die Messwerte werden mit einem Richtwert verglichen, der von Behörden oder Wissenschaftlern festgelegt wird.

Solche auf einer Übereinkunft beruhende Richtwerte können sich manchmal ändern; erinnern Sie sich an unsere Diskussion (Abschnitt E.2) über die Neudefinition des Übergewichts. Wenn sich die Richtwerte ändern, vergisst man leicht, dass die Latte höher oder niedriger gelegt wurde, und ein tatsächlicher Fortschritt kann als Rückschritt fehlinterpretiert werden oder umgekehrt.

 ### Achtung, aufgepasst!

Bewertungen von Trends, nachdem Richt- oder Vergleichswerte geändert wurden

Beispiel: Klarheit über saubere Luft

In der Überschrift zu einem Artikel der *New York Times* aus dem Jahre 2004 hieß es: „Nach einer Korrektur der Leitwerte zur Luftqualität haben Millionen keine saubere Luft mehr."[5] Der Artikel bezog sich auf eine Liste aller Distrikte, in denen die Luftqualität nicht dem neuen Standard entsprach, herausgegeben von der US-Umweltschutzbehörde EPA. Die neuen Richtwerte für die Schadstoffkonzentrationen waren niedriger als die alten. Deshalb enthielt die Liste nun mehr Distrikte, deren Luftqualität als schlecht galt.

Im siebten Absatz des Berichts wurde sogar hervorgehoben, dass seit der Verabschiedung des „Clean Air Act" im Jahr 1970 die Luft im Land deutlich sauberer geworden sei; aufgrund neuerer wissenschaftlicher Untersuchungen werde der Verschmutzungsgrad, der noch als gesundheitlich unschädlich eingestuft werden könne, jedoch ständig herabgesetzt. Mit anderen Worten: Entgegen der Implikation der Überschrift war die Luft durchaus nicht schmutziger geworden, sondern sauberer. Trotzdem hatte die Anzahl der Gemeinden mit als problematischer bezeichneter Luftqualität zugenommen, weil die Latte etwas höher gelegt worden war.

F5 | Technische Details

Die meisten der in diesem Buch erwähnten Statistiken erscheinen ziemlich unkompliziert, zumindest auf den ersten Blick. Jeder von uns hat schon Dinge gezählt und dann hochgerechnet. Wenn also jemand behauptet, nach seiner Schätzung seien X Personen von Problem Y betroffen, dann verstehen wir darunter Folgendes: Hätten wir genügend Zeit und Geld, um jeden einzelnen Fall zu erfassen, dann kämen wir bei ungefähr X Personen an. Das erscheint eindeutig und klar.

Leider ist diese Klarheit oftmals eine Illusion. Wenn jemand ein Anliegen hat, möchte er dessen Bedeutung betonen. Er will die Öffentlichkeit informieren und versucht dabei, die teilweise sehr komplizierten Forschungsergebnisse in klare, einfach zu verstehende Zahlen zu übersetzen. Diese Zahlen hängen von den gewählten Definitionen und Kriterien der Wissenschaftler ab. Eine andere Wahl hätte möglicherweise zu vollkommen anderen Zahlen geführt. Die technischen Details bleiben aber oftmals im Hintergrund, und gerade wenn wir nur einen Satz von Zahlen kennen, der auf einer bestimmten Wahl der Definitionen und Messverfahren beruht, sind wir geneigt, diesen Daten und Statistiken Glauben zu schenken, obwohl sie von anderen Experten in Zweifel gezogen werden könnten.

Diese Gefahr ist besonders groß, wenn in einer Statistik versucht wird, hypothetische Aussagen über die Welt zu treffen: Wie sähe unsere Welt aus, wenn diese oder jene Bedingung anders wäre? Die Antwort lautet dann: Wäre die von den Verfechtern propagierte Sozialpolitik tatsächlich Realität, wäre die Lage soundso viel besser. Das ist eine Form von Science Fiction, denn es geht um Spekulationen oder Vermutungen, von denen wir glauben, dass sie eintreffen würden, wenn die Umstände andere wären.

Einerseits brauchen wir Zahlen dieser Art; wir brauchen möglichst fundierte Schätzungen bezüglich der zukünftigen (sicheren oder möglichen) Entwicklungen. Berechtigte Hochrechnungen der Umweltzerstörung können uns helfen, etwas zu verändern, denn vermutlich will niemand warten, bis unser Planet vollkommen unbewohnbar geworden ist. Andererseits müssen wir uns darüber im Klaren sein, dass solche Vorhersagen entscheidend von den Messverfahren und Kriterien abhängen, für die wir uns entschieden haben, und dass andere Verfahren zu wesentlich anderen Zahlen führen können.

 Achtung, aufgepasst!

Fehlende Informationen zu den Verfahren selbst oder zur Übersetzung ihrer Ergebnisse in eine scheinbar einfache Statistik

Beispiel: Aufgeblähte Zahlen

Die allgemeine Besorgnis in Bezug auf die Folgen der Fettleibigkeit erreichte im Jahre 2004 einen vorläufigen Höhepunkt, als eine Gruppe von Forschern der Seuchenkontrollbehörde CDC behauptete, die Fettleibigkeit sei im Begriff, das Rauchen als wichtigste vermeidbare Todesursache in den Vereinigten Staaten abzulösen. Die Forscher schätzten, dass im Jahre 2000 rund 435 000 Todesfälle auf das Rauchen zurückzuführen waren, rund 400 000 auf Übergewicht. Diese Behauptung erregte die Gemüter und erfuhr in der Presse reichlich Aufmerksamkeit: „Wenn der gegenwärtige Trend anhält, wird Übergewicht im nächsten Jahr [2005] zur Hauptursache und mit einer Anzahl von über 500 000 Todesfällen pro Jahr sogar mit dem Krebs als Todesursache gleichziehen."[6]

Ziemlich genau ein Jahr später berichtete ein anderes Forscherteam der CDC, man hätte ebenfalls die Anzahl der auf Übergewicht zurückzuführenden Todesfälle bestimmt, sei aber lediglich auf einen Schätzwert von 26 000 Fällen gekommen.[7] Mit anderen Worten: In zwei aufeinanderfolgenden Jahren gelangten zwei Gruppen von Wissenschaftlern derselben Behörde für ein und denselben Sachverhalt zu vollkommen unterschiedlichen Ergebnissen. Was war passiert?

Der entscheidende Punkt waren Unterschiede in den Mess- und Auswertungsverfahren. Es herrscht allgemeine Einigkeit darüber, dass das Durchschnittsgewicht der Amerikaner gestiegen ist. Aber wie soll man die davon verursachten Gesundheitsschäden (und die Erhöhung des Sterberisikos) bestimmen? Die Einzelheiten der Methodik sind schwer zu durchschauen. Das zweite Forscherteam erklärte zu diesen Ergebnissen: „Frühere Schätzungen … verwendeten adjustierte relative Risiken in einer Formel für attributable Anteile, die jedoch nur für nicht adjustierte relative Risiken gilt und somit nur bedingt für Störfaktoren angepasst ist; diese Schätzungen haben die Altersabhängigkeit in Bezug auf Körpergewicht zu Sterberate nicht berücksichtigt und auch keine Fehlermaße einbezogen."[8] Haben Sie das verstanden?

Die meisten von uns verfügen nicht über das nötige Fachwissen, um diese Ausführungen zu angemessenen Auswertungsverfahren beurteilen zu können. Das müssen die Experten untereinander ausfechten. Im vorliegenden Fall scheint die Mehrheit zu dem Schluss gekommen zu sein, dass die Methode der zweiten Studie zuverlässiger ist. Nach den Schätzungen dieser Studie kam es in der Bevölkerungsgruppe untergewichtiger Personen (definitionsgemäß mit einem BMI unter 18) zu 34 000 Todesfällen *mehr* als in der Gruppe der normalgewichtigen Personen, in der Gruppe der übergewichtigen Personen (mit einem BMI von 25–29) zu

86 000 Todesfällen *weniger* und in der Gruppe der fettleibigen (adipösen) Personen (mit einem BMI von 30 und mehr) wieder zu 112 000 Todesfällen *mehr*. (Die häufig publizierte Zahl von 26 000 beruhte darauf, dass die fettleibigen und übergewichtigen Personen zusammengezählt wurden: 112 000 Todesfälle unter den Fettleibigen mehr, 86 000 Todesfälle bei den Übergewichtigen weniger ergibt insgesamt 26 000 Todesfälle mehr bei Personen mit einem BMI ab 25.) Diese Ergebnisse sind ein kleiner Trost für all diejenigen, die ein paar Pfunde zuviel mit sich herumtragen: Zumindest nach dieser Studie leben übergewichtige, allerdings nicht fettleibige Personen im Durchschnitt länger als Personen, die einer der anderen drei Gruppen angehören; für fettleibige, untergewichtige und sogar normalgewichtige Personen ist das Sterberisiko erhöht.

Dieses Beispiel verdeutlicht einmal mehr, dass es eine große Herausforderung sein kann, das Ausmaß eines sozialen Problems zu messen. Es ist schon schwierig genug, beispielsweise die Anzahl der Personen ohne festen Wohnsitz zu bestimmen – eine scheinbar wohldefinierte Aufgabe. Den Einfluss des Körpergewichts auf das Sterberisiko abzuschätzen, ist weitaus komplizierter, und die meisten von uns müssen es den Experten überlassen, solche Erscheinungen statistisch zu erfassen. Trotzdem: Lesen wir, dass sich Experten streiten, sollten wir die Statistiken, die sie uns anbieten, nicht ganz ohne Nachfrage hinnehmen.

G

Verpackung: Was wird uns gesagt?

Wer eine Statistik erstellt, muss um die Aufmerksamkeit der Presse, der Politiker und der Öffentlichkeit kämpfen. Schlaue Köpfe formulieren ihre Behauptungen so, dass sie den Kampf um die Schlagzeilen gewinnen. Vielleicht wählen sie besonders erschütternde Beispiele als Aufhänger, locken die Journalisten mit spannenden Ausführungen, gewinnen berühmte Leute als Fürsprecher – oder sie legen schlicht und einfach beeindruckende Zahlen vor.

Umgekehrt versuchen die Medien stets, die Sachverhalte, über die sie berichten wollen, in überzeugende Storys zu kleiden. Auch hier helfen Statistiken, denn sie verleihen jedem Bericht die Aura von harten Fakten. Die besten Statistiken aber können mehr, als nur Argumente zu untermauern: Sie springen ins Auge, fesseln das Interesse, bleiben im Gedächtnis haften und werden zitiert.

In Abschnitt D haben wir einige Möglichkeiten kennengelernt, eine Statistik zu dramatisieren (große runde Zahlen, Superlative usw.). In diesem Abschnitt betrachten wir weitere, weniger offensichtliche Methoden, mit denen Autoren und Medien Statistiken verpacken, um sie interessant und fesselnd erscheinen zu lassen.

G1 | Beeindruckende Formate

In der Schule lernen wir, dass man dieselbe mathematische Größe auf viele verschiedene Weisen darstellen kann. Beispielsweise ist 1 = 3/3 = (2−1). Diese Vielfalt gibt den Leuten, die eine Statistik zur Präsentation aufbereiten, die Freiheit, zwischen verschiedenen mathematischen Formaten zur Darstellung ihrer Zahlen zu wählen. Dabei entscheiden sie sich in der Regel für das Format, das einen besonders nachhaltigen Eindruck hinterlässt. Eine Statistik zu verpacken heißt oft nichts anderes, als das behandelte Problem besonders wichtig wirken zu lassen.

Prozentzahlen beeindrucken, wenn sie groß erscheinen – sagen wir, größer als 50 %. Behauptungen wie „90 % der Bevölkerung sehen sich mit Problem X konfrontiert" oder „60 % der Schulen haben es mit Problem Y zu tun" vermitteln den Eindruck, X und Y seien sehr weit verbreitete Phänomene.

Verhältnisse oder *Anteile* können – besonders, wenn sie leicht überschaubar sind – nützlich sein, um die Aufmerksamkeit auf weniger häufige Probleme zu lenken. In Zeitungsberichten wird deutlich öfter „jeder Vierte" oder „jeder Fünfte" angeführt als „jeder Sechste", vielleicht, weil wir fünf Finger haben und deswegen sofort übersehen können, was „einer von fünf" bedeutet. (Vermutlich war das ein Grund dafür, dass in der Studie über selbstverletzendes Verhalten in Abschnitt E1 17 % als „eine Person von fünf" [20 %] ausgedrückt wurde und nicht als „eine Person von sechs" [16,6 %].)

Absolute Zahlen können den Vorzug erhalten, wenn Prozentzahlen oder Verhältnisse eher mager erscheinen würden. Eine Million ist für fast jeden eine sehr große Zahl. „Eine Million Amerikaner sind betroffen" klingt deshalb weitaus beeindruckender als „0,33 % der Bevölkerung" oder „jeder Dreihundertste".

Mathematische Größen lassen sich auf unterschiedliche Weise darstellen, und wir sollten darauf achten, ob die Art der Darstellung nicht die zugrunde liegenden Zahlen aufbläht.

Achtung, aufgepasst!

Format, in dem eine Statistik präsentiert wird (Prozentzahlen, Verhältnisse oder absolute Zahlen). Wie würde die Statistik in einem anderen Format wirken?

Beispiel: Vorhersage von Invaliditätsansprüchen

Ein Artikel in der *New York Times* begann so: „Nahezu jeder fünfte Soldat, der das Militär nach einem Einsatz im Irak oder in Afghanistan verlässt, behält dauerhaft eine zumindest teilweise Behinderung." Zitiert wird der Direktor einer Interessengruppe von Veteranen mit der Behauptung, bei Hochrechnung der aktuellen Verhältnisse würden in naher Zukunft rund 400 000 Heimkehrer Invaliditätsansprüche geltend machen.[1]

Selbstverständlich muss für die Zukunft versehrter Veteranen gesorgt werden, doch man fragt sich natürlich, ob sich anhand der aktuellen Situation eine sinnvolle Vorhersage treffen lässt. Fortschritte bei Evakuierung und Traumaversorgung sorgen dafür, dass heute viele Soldaten gerettet werden, die in früheren Kriegen nicht überlebt hätten. Schwer verwundete Soldaten scheiden meist bald aus dem aktiven Dienst aus und erhalten umgehend Invaliditätsleistungen. Mit anderen Worten: Soldaten, die den

Dienst im Zuge eines Krieges verlassen, wurden mit großer Wahrscheinlichkeit ernsthaft verwundet und können Entschädigungs-
ansprüche anmelden. Bei Soldaten, die im Dienst bleiben oder
später entlassen werden, ist die Wahrscheinlichkeit einer folgen-
schweren Verletzung geringer. Verallgemeinert man also die Invaliditätsansprüche ausgehend von der Lage während des Krieges,
so erscheinen die später mutmaßlich zu leistenden Zahlungen an
die Veteranen besonders beeindruckend.

G2 | Irreführende Stichproben

Viele Statistiken gehen von Stichproben aus und verallgemeinern diese dann. Nur in sehr seltenen Fällen kann man
jeden Einzelfall zählen. Stattdessen nimmt man an einer
vergleichsweise kleinen Auswahl von Fällen – eben der
Stichprobe – Messungen vor und schließt von den Ergebnissen auf den allgemeinen Fall. So kann man 1000 Wähler befragen, welchen Kandidaten sie bei der kommenden
Wahl unterstützen werden, und die Ergebnisse zu einer allgemeinen (alle Wähler umfassenden) Wahlprognose hoch-
rechnen.

Die Kernfrage bei dieser Methode lautet: Ist die Stichprobe wirklich repräsentativ für die Gesamtheit der Bevölkerung? Falls die Stichprobe in irgendeiner Weise vorsortiert ist, erhält man kein aussagekräftiges Ergebnis. Stellen
Sie sich vor, man fragt nur Mitglieder der Partei A, welchen Kandidaten sie bevorzugen. Dann könnte man das
Resultat kaum verallgemeinern, denn diese Leute stimmen
natürlich mit größerer Wahrscheinlichkeit für den Kandidaten ihrer Partei A, als es etwa Mitglieder der Partei B
oder Parteilose tun.

Anders als in diesem Beispiel ist manchmal nur schwer zu erkennen, dass eine Aussage auf einer Stichprobe beruht und dass diese Stichprobe womöglich nicht repräsentativ ist.

Achtung, aufgepasst!

Stichproben: Hätte das Ergebnis anders ausgesehen, wenn die Stichprobe anders zusammengesetzt wäre?

Beispiel: Wie tödlich ist die Vogelgrippe?

Im Herbst 2005 und im Frühjahr 2006 waren die Medien voll von Meldungen über die in Südostasien ausgebrochene Vogelgrippe, und es kamen Befürchtungen auf, die Grippe könne in eine Pandemie münden. Insbesondere wurde gewarnt, der damals vorherrschende Virusstamm (Influenza A/Subtyp H5N1) sei extrem virulent – immerhin sei rund die Hälfte der Personen, die wegen der Grippe in Krankenhäusern behandelt worden seien, verstorben. Sollte sich die Grippe weiter ausbreiten, so hieß es, und sollte tatsächlich die Hälfte der Erkrankten sterben, hätte das katastrophale Folgen. Wie katastrophal? Die geschätzten Opferzahlen, die man in verschiedenen Berichten lesen konnte, variierten enorm. Ein Büchlein (*The Bird Flu Preparedness Planner*) schlug die Alarmglocke so: „Hierbei handelt es sich nicht um ein gewöhnliches Grippevirus; der neue Subtyp ist hochgradig letal mit einer Sterberate von 50 % – das 80-fache einer normalen Grippe. Unter entsprechenden Bedingungen könnten viele hundert Millionen Menschen daran zugrunde gehen."[2] Am oberen Ende der Skala rangierten Behauptungen, es sei im Extremfall mit bis zu einer *Milliarde* Todesfällen zu rechnen.[3] Eine Liste mit Ratschlägen zur Vorbereitung auf die Epidemie begann mit den Worten: „Machen Sie Ihr Testament."[4]

Heute wissen wir natürlich, dass die Katastrophe ausgeblieben ist. Bis heute sind deutlich weniger als 1 000 Opfer der Vogelgrippe zu beklagen. Und was ist mit den Behauptungen, H5N1-

Infektionen verliefen in 50 % der Fälle tödlich? Die Kommentatoren hatten festgestellt, dass die Hälfte der wegen H5N1 im Krankenhaus Behandelten gestorben war, und nahmen dies als Beweis für die extreme Gefährlichkeit des Virus. Doch die meisten Todesfälle ereigneten sich in Vietnam und anderen asiatischen Ländern, und viele der Opfer arbeiteten in der Geflügelzucht (sie hatten also direkten Kontakt mit infizierten Vögeln). Die Sterberate von 50 % bezog sich auf die Anzahl der Personen, die mit Grippesymptomen in Krankenhäuser eingeliefert worden waren. Nicht berücksichtigt wurden also all jene Fälle (die vermutlich die große Mehrheit ausmachten), bei denen die Personen zwar an Grippe erkrankten, aber zu Hause blieben und sich wieder erholten. In den genannten Ländern ist das Krankenhaus für Arbeiter aus den ärmsten Schichten (wozu sicherlich die in den Geflügelzuchtbetrieben gehören) häufig der allerletzte Ausweg, und somit wurden offiziell nur die wirklich schwersten Fälle bekannt. Die Sterberate der im Krankenhaus behandelten Minderheit auf alle Personen hochzurechnen, die sich mit dem Grippevirus infiziert hatten, führte zu einer übersteigerten Wahrnehmung der Bedrohung.

G3 | Geschickt gewählte Zeitfenster

Einige sehr nützliche Statistiken verfolgen den zeitlichen Verlauf bestimmter Sachverhalte. Beispielsweise gibt es die jährlichen Kriminalstatistiken des FBI (in Deutschland des Bundeskriminalamts, BKA).[5] Während es an sich schon interessant ist zu wissen, wie viele Verbrechen während des vergangenen Jahres begangen wurden, ist ein Vergleich der Kriminalitätsraten mehrerer Jahre oft noch nützlicher, denn man sieht, ob die Häufigkeit bestimmter Straftaten zu- oder abgenommen hat. Soziale Statistiken dieser Art lassen häufig Trends (generelle Muster des Steigens oder Fallens) sichtbar werden.

Will man anhand solcher Zahlen einen Trend aufzeigen, muss man ein Zeitfenster wählen: Auf welchen Zeitraum soll sich der Bericht beziehen? Es kann gute Gründe geben, nicht sämtliche vorhandenen Daten zu berücksichtigen. Die Statistiken des BKA werden seit 1953 herausgegeben, doch vermutlich sind wir eher daran interessiert, wie sich die Kriminalitätsrate in der jüngeren Vergangenheit, beispielsweise in den letzten zehn oder zwanzig Jahren, entwickelt hat. Wenn allerdings jemand einen Punkt seines Anliegens besonders hervorheben will, kann die Wahl eines geeigneten Zeitfensters zur Verpackung gehören: Geht man geschickt vor, kann man so den Eindruck vermitteln, die vorhandenen Daten stützten die eigene Meinung noch eindeutiger.

 Achtung, aufgepasst!
Sehr kurze Zeiträume der Betrachtung (sofern Daten für längere Zeiträume vermutlich vorhanden sind)

Beispiel: Ein Sieg im Drogenkrieg?

Die amerikanische Regierung gibt jährlich Milliarden Dollar für den Kampf gegen den Drogenmissbrauch aus. Hat das viele Geld auch eine Wirkung? Die Regierung hat natürlich großes wirtschaftliches Interesse daran, die eigene Politik als erfolgreich darzustellen. So findet man in einem Bericht des Büros für nationale Drogenkontrollpolitik (Office of National Drug Control Policy, ONDCP) die Aussage, die „Monitoring the Future"-Umfrage (MTF) 2006 habe erbracht, dass rund 31,5 % aller Zwölftklässler (der Absolventenjahrgang der amerikanischen Schulen) zugeben, während des vergangenen Jahres Marihuana geraucht zu haben, was im Vergleich zu 33,6 % im Vorjahr einen Rückgang bedeute.[6] Bei den MTF-Erhebungen werden seit 1975 Schüler der zwölften Klasse zu ihrem Drogenkonsum befragt; man kann die Daten also hinsichtlich verschiedener Zeitfenster auswerten. Das ONDCP berichtete von einem Fortschritt über einen sehr kurzen Zeitraum (2005–2006). Demgegenüber bezieht sich das Nationale Institut für Drogenmissbrauch (NIDA) bei seiner Erfolgsgeschichte auf einen etwas längeren Zeitraum: „Der Missbrauch von Marihuana unter Zwölftklässlern ging seit dem Gipfel im Jahre 1997 bis zum vergangenen Jahr um 18 % zurück."[7] In beiden Fällen wird also von einem Rückgang des Drogenmissbrauchs berichtet.

Wenn wir uns jedoch in einem Diagramm sämtliche MTF-Daten von 1975 bis zum Jahre 2006 anschauen, ergibt sich ein wesentlich komplizierteres Bild (siehe die Abbildung auf der folgenden Seite).[8] Tatsächlich ist der Prozentsatz der Zwölftklässler, die zugaben, in dem betreffenden Jahr Marihuana geraucht zu haben, in der Zeit zwischen 1997 und 2006 leicht zurückgegangen (von 38,5 auf 31,5 %). Doch dieser Rückgang folgte einem rapiden früheren Anstieg: In den Jahren zwischen 1992 und 1997 stieg der Anteil der Marihuanakonsumenten von 21,9 auf 38,5 %. Betrachten wir also den Zeitraum von 1992 bis 2006, so finden wir zunächst eine rasche Zunahme, gefolgt von einer langsameren Abnahme. Noch komplizierter ist jedoch die ganze Geschichte: Zwischen 1975 und 1986 lag der Prozentsatz der Marihuana rauchenden Zwölftklässler höher als am „Gipfel" im Jahre 1997. 1979 zum Beispiel ermittelte die MTF-Umfrage eine Zahl von 50,8 %. Langfristig begann es also mit einem sehr hohen Grad an Marihuanamissbrauch Ende der 1970er und Anfang der 1980er Jahre; von 1980 an sanken die Zahlen. Interessant ist, dass der Rückgang bereits einsetzte, bevor der offizielle Kampf gegen den Drogenmissbrauch im Jahre 1986 ausgerufen wurde. Der Tiefpunkt war 1992 erreicht, dann stieg der Konsum bis 1997 kurzzeitig wieder an, um seitdem erneut abzunehmen.

Je nach betrachtetem Zeitraum lassen sich die Daten sehr unterschiedlich interpretieren. Der Kampf gegen den Drogenmissbrauch ist ein öffentlichkeitswirksamer Teil der Sozialpolitik, weil sein Effekt immer wieder in Frage gestellt wird. Kritiker argumentieren, die Behörden würden die Daten immer gerade so auswählen, dass die politischen Maßnahmen besonders wirksam erscheinen.[9] Je nachdem, welchen Zeitraum man betrachtet, lassen sich solche Trends in besonders günstigem Licht darstellen.

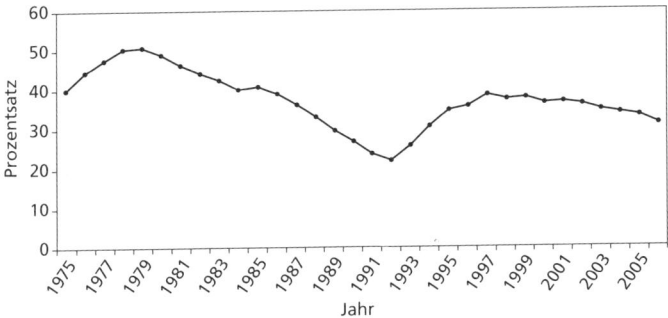

Prozentsatz der Zwölftklässler, die für das jeweils vorangegangene Jahr den Konsum von Marihuana zugaben, für den Zeitraum 1975–2006.

G4 | Seltsame Prozentzahlen

Prozente gehören zu den statistischen Angaben, mit denen wir am häufigsten zu tun haben. Doch gerade diese Vertrautheit kann zum Problem werden, wenn wir nicht immer wieder fragen: „Prozent wovon?" Nehmen Sie einmal an, Sie lesen, 30 % einer Personengruppe seien Mörder. Offensichtlich kann sich diese Zahl nicht auf die Gesamtbevölkerung beziehen. Wir spüren sofort, dass hier etwas faul ist, und sehen uns genötigt nachzufragen: „30 % von *welcher* Bevölkerungsgruppe?" Vielleicht sind die zum Tode verurteilten Straftäter gemeint (dann erscheint die Zahl allerdings zu klein, denn Mord ist fast das einzige Delikt, das in den USA mit dem Tod bestraft werden kann), vielleicht die Häftlinge eines Hochsicherheitsgefängnisses, vielleicht … Sie sehen, worum es geht! Jede

Prozentangabe bezieht sich auf ein Ganzes und lässt sich erst verstehen, wenn wir diese Bezugsgruppe kennen.

Die Wahl der Bezugsgruppe hat umgekehrt auch Auswirkungen auf den Prozentsatz. Eine Prozentzahl, die zunächst besonders dramatisch erscheint, verliert möglicherweise ihren Schrecken, sobald wir wissen, worauf sie sich bezieht.

 | ## Achtung, aufgepasst!
Überraschend große oder kleine Prozentzahlen

Beispiel: Unverheiratete Twens

In einem Zeitungsartikel hieß es: „Im Jahre 2006 gaben fast drei Viertel aller Männer und nahezu zwei Drittel aller Frauen zwischen 20 und 29 Jahren an, noch nie verheiratet gewesen zu sein."[10] Die Prozentzahlen – 73 % für die Männer, 62 % für die Frauen – lagen deutlich höher als die Vergleichszahlen aus dem Jahr 2000 (64 % bzw. 53 %).

Wahr ist sicher, dass junge Menschen die Hochzeit immer weiter hinausschieben. Zwischen 2000 und 2003 waren Männer bei der ersten Eheschließung im Mittel 26,7 Jahre alt, Frauen 25,1 Jahre.[11] Beide Werte sind deutlich höher als in der Vergangenheit. Beispielsweise lag das Alter der ersten Eheschließung im Jahr 1956 für Männer bei 22,5 und für Frauen bei 20,1 Jahren; das waren die niedrigsten Werte nach Ende des Zweiten Weltkriegs.

Trotzdem erweckt die allgemeine Behauptung, drei Viertel aller Männer und zwei Drittel aller Frauen zwischen 20 und 29 Jahren seien noch nie verheiratet gewesen, einen verzerrten Eindruck. Deutlich weniger Leute als früher halten es heute für angeraten, mit 20 oder 21 Jahren zu heiraten. Daher ist zu erwarten, dass ein vergleichsweise großer Prozentsatz sowohl der Männer als auch der Frauen mit Anfang zwanzig unverheiratet ist, während die Eheschließungen gegen Ende der Zwanziger zunehmen. Tatsächlich bringen das auch die Daten zum Ausdruck, auf denen der Zeitungsbericht beruhte: Die große Mehrheit der Befragten im Alter zwischen 20 und 24 Jahren war noch nie verheiratet (87 % der Männer und 79 % der Frauen), zwischen 25 und 29 Jahren sind es längst nicht mehr so viele (58 % der Männer und 46 % der Frauen).[12] Mit anderen Worten: Hätten wir Personen über 29 Jahren gefragt, wie viel Prozent von ihnen die ganze Zeit zwischen 20 und 29 unverheiratet *geblieben sind*, wäre das Ergebnis deutlich niedriger ausgefallen als bei der Frage (an Personen zwischen 20 und 29), wie viel Prozent *zum Zeitpunkt der Befragung* noch nie verheiratet waren.

G5 | Vergleich bewusst ausgewählter Gruppen

Statistiken wirken oft beeindruckender, wenn sie sich auf gezielt ausgewählte Gruppen beziehen. Nur wenige soziale Probleme betreffen in vollkommen zufälliger Weise alle Personen gleichermaßen. In den meisten Fällen hängt die Wahrscheinlichkeit, von einem bestimmten Problem betroffen zu sein, von Faktoren wie Alter, Geschlecht, Rasse, Einkommen usw. ab. Ein insgesamt betrachtet seltenes Problem kann in bestimmten Bevölkerungsgruppen gehäuft auftreten. Ganz gewiss ist es deshalb oft sinnvoll, Statistiken auf die Gruppen zu beschränken, die von dem Problem am meisten betroffen sind. Zu wissen, dass nur ein winziger Teil der Gesamtbevölkerung – Kinder und Frauen eingeschlossen – Prostatakrebs bekommt, hilft nicht sehr viel. Wirklich interessant ist die Häufigkeit von Prostatakrebs bei älteren Männern, also der Gruppe, in der die Krankheit am ehesten auftritt. In solchen Fällen ist der Bezug auf ausgewählte Gruppen ein sinnvoller Ansatz, um das Thema abzuhandeln.

In anderen Fällen besteht die Gefahr, dass die Argumentation anhand ausgewählter Vergleichsgruppen Ausmaß und Bedeutung eines Problems aufbauscht.

 Achtung, aufgepasst!
Vergleichsgruppen: Wie sähe die Statistik aus, wenn man eine andere Vergleichsgruppe wählte?

Beispiel: Todesursache Nr. 1

Sowohl die Wahrscheinlichkeit zu sterben als auch die Todesursache hängt naturgemäß vom Alter ab. Allgemein sind Herzversagen und Krebs für die Mehrzahl aller Todesfälle verantwortlich. Junge Menschen sterben mit nur geringer Wahrscheinlichkeit an einer dieser Krankheiten, mit zunehmendem Alter wird die Wahrscheinlichkeit größer. Eines natürlichen Todes sterben in der Tat am häufigsten alte Menschen und Kleinkinder (einige werden bereits mit gravierenden Gesundheitsproblemen geboren, außerdem sind kleinere Kinder meist anfälliger für Infektionen). Kinder, Jugendliche und junge Erwachsene laufen weniger Gefahr, tödlich zu erkranken.

Aus diesem Grund sind manche selteneren Todesursachen unter jungen Menschen häufiger zu finden. Insgesamt sterben in den Vereinigten Staaten weniger als zwei Prozent der Bevölkerung durch einen Autounfall, aber unter den Jugendlichen im Alter von 15–19 Jahren (in diesem Alter darf man in den meisten Bundesstaaten der USA bereits am Steuer sitzen) ist es rund ein Drittel.[13] Natürlich haben Jugendliche in dieser Altersgruppe wenig Fahrerfahrung und sind oftmals leichtsinniger, sodass ihr Risiko, in einen Unfall verwickelt zu werden, größer ist als bei anderen Gruppen. Der eigentliche Punkt ist jedoch, dass diese Jugendlichen weitaus seltener an anderen Ursachen sterben.

Tabelle 3 fasst altersabhängig für das Jahr 2003 die absolute sowie die relative Anzahl der Todesfälle durch Unfälle (nicht nur im Straßenverkehr) zusammen. Danach gab es 15 272 Unfalltote in der Altersgruppe 15–24, was rund 45 % aller Todesfälle in dieser Gruppe ausmacht. In der Altersgruppe 45–54 war die absolute Zahl etwas höher (15 837 Fälle), dafür der relative Anteil deutlich niedriger (9 %). Der Prozentsatz der Unfalltoten nimmt mit zunehmendem Alter ab, obwohl die absolute Zahl ungefähr gleich bleibt (grob zwischen 10 000 und 15 000). So machen in den Altersstufen 65–74 und 75–84 Unfälle nur noch 2 % aller Todesursachen aus. Weshalb? Die offenkundige Antwort lautet, weil die meisten Todesfälle in diesen Altersgruppen auf das Konto anderer Ursachen (wie Herzversagen, Krebs, Schlaganfall) gehen.

Eine Google-Suche nach dem Stichwort *„number one causes of death"* (wichtigste Todesursachen) beweist, dass dieser Ausdruck eine ziemlich große Popularität unter Leuten besitzt, die beim Publikum Besorgnis über bestimmte Bedrohungen von Leben und Gesundheit wecken wollen. Mit der Wendung „Todesursache Nr. 1" soll oft auf wichtige Risiken für bestimmte Bevölkerungsgruppen hingewiesen werden. Beispiele sind „Frühgeburt" (Todesursache Nr. 1 bei Neugeborenen), „plötzlicher Kindstod" (Kinder im Alter zwischen einem Monat und einem Jahr), „angeborene Fehl-

Tabelle 3 Unfalltote in verschiedenen Altersgruppen in den USA 2003.

Altersgruppe	Anzahl der Unfalltoten	Prozentualer Anteil der Unfalltoten an allen Todesfällen
15–24	15 272	45
25–34	12 541	30
35–44	18 766	19
45–54	15 837	9
55–64	9 170	4
65–74	8 081	2
75–84	13 108	2

Quelle: M. P. Heron und B. L.Smith, „Deaths: Leading Causes for 2003", *National Vital Statistics Report* 55, Nr. 10 (Hyattsville, MD: National Centers for Health Statistics, 2007).

bildungen" (Kinder), „Unfälle" (Kinder in Deutschland; Männer in der Altersgruppe 1–44), „Auto- oder Motorradunfälle" (kanadische Kinder; in den USA Jugendliche in der Altersgruppe 15–19), „Totschlag oder Mord" (afroamerikanische Männer in der Altersgruppe 15–34), „Selbstmord" (englische Männer in der Altersgruppe 18–24), „HIV" (Afroamerikaner in der Altersgruppe 25–44) und „Lungenkrebs" (Frauen).

Junge Menschen sind meist recht gesund und sterben selten eines natürlichen Todes. Wenn also jemand behauptet, Verkehrsunfälle, Totschlag oder Selbstmord sei in diesen Altersgruppen die Haupttodesursache, dann sollten wir bedenken, dass andere Todesursachen einfach sehr selten sind. Die Todesursache Nr. 1 einer ganz bestimmten Bevölkerungsgruppe anzusprechen, kann der Statistik besonderes Gewicht geben.

Bezeichnungen wie „Nummer eins" oder „Haupt-" verleihen der Sache eine gewisse Dringlichkeit; so können viele Probleme gleichzeitig – jedes in einer bestimmten Hinsicht – als „das wichtigste" benannt werden. Todesursache Nr. 1 der Bäume und Sträucher in unseren Parks und Gärten ist übrigens das Anhäufen von übermäßig viel Mulch um den Stamm.

G6 | Statistische Meilensteine

Nachrichten sollten aktuell sein. Daher stürzen sich Medien gerne auf Dinge, die sich als neu(artig) darstellen lassen, zum ersten Mal passiert sind oder gerade erst entdeckt wurden. Sehr beliebt sind auch Berichte, wonach eine statistische Schwelle überschritten wurde. Sie erinnern sich vielleicht noch daran, dass die Weltbevölkerung im Oktober 1999 die Sechs-Milliarden-Grenze überschritt oder die Staatsverschuldung der Bundesrepublik Deutschland im Jahre 2007 1500 Milliarden Euro überstieg.

In gewisser Hinsicht sind solche Meilensteine sinnlos. Wir wissen alle, dass die Weltbevölkerung jedes Jahr ein wenig zunimmt; da sie sich der Marke von sechs Milliarden im Jahre 1998 sehr genähert hatte, war zu erwarten, dass diese Marke irgendwann im Jahre 1999 überschritten wurde. Es gibt keinen Grund, die Zahl „6,0 Milliarden" für wichtiger zu halten als etwa „5,8 Milliarden" oder „6,2 Milliarden", und doch wurde die Überschreitung der „runden" Grenze besonders betont.

Zu hören, dass statistische Meilensteine genommen werden, ruft uns lang andauernde Prozesse ins Gedächtnis: die Weltbevölkerung wächst, die Staatsverschuldung nimmt zu, die Krankenkassenbeiträge steigen usw. An solche Entwicklungen gewöhnen wir uns. Ein Zeitungsartikel über das Erreichen eines statistischen Meilensteins ist eine Strategie, aus solchen vertrauten, aber durchaus bedeutsamen Vorgängen etwas Berichtenswertes zu machen.

Natürlich hängen Meilensteine wie jede andere Statistik von Definitionen und Messverfahren ab. Manchmal kann man diesen Berichten vorwerfen, seltsame Kriterien nur zu dem Zweck gewählt zu haben, eine Nachricht in irgendeiner Form erwähnenswert zu machen.

 Achtung, aufgepasst!
Sinnlose Meilensteine. Welcher Trend liegt vor, was sind seine Ursachen?

Beispiel: Frauen ohne Ehepartner

Einige Wochen, nachdem die *New York Times* auf der Titelseite behauptet hatte, 51 % der Frauen lebten ohne Ehepartner, erschien eine Klärung durch den Leserbeauftragten.[14] Der ursprüng-

liche Bericht bezog sich auf eine Erhebung der Volkszählungsbehörde (U.S. Census Bureau, vergleichbar dem Statistischen
Bundesamt) zur amerikanischen Gesellschaft im Jahre 2005. Dabei
wurden alle Frauen ab einem Alter von 15 Jahren gezählt. Es überrascht kaum, dass die 15-jährigen Mädchen zum großen Teil noch
bei den Eltern lebten (in einigen Bundesstaaten darf man in diesem Alter noch gar nicht heiraten). Nahm man die 15-jährigen
Mädchen aus der Statistik heraus, lebte schon eine Mehrheit der
Frauen mit einem Ehepartner zusammen. Außerdem zählten als
„ohne Ehepartner lebend" auch verheiratete Frauen, deren Ehe-
männer vorübergehend nicht zu Hause wohnten (beispielsweise,
weil sie im Gefängnis waren oder bei der Armee dienten). Mit
anderen Worten, es gab viele Gründe, eine Frau als „ohne Ehepartner" einzustufen.

   Die beiden Berichte in der *New York Times* gaben in anderen
Medien und im Internet zu vielen Kommentaren Anlass, wobei die
Frage, was die „meisten" Frauen tun, im Vordergrund stand. Der
Anteil der Frauen, die nicht mit einem Ehepartner zusammenleb-
ten, hatte tatsächlich zugenommen – weil junge Frauen später
heiraten, weil die Scheidungsrate steigt und weil Frauen insgesamt länger leben (und dadurch die Anzahl der Witwen zunimmt).
Trotzdem, so behaupteten viele Kritiker, sei die Marke von 50 %
keineswegs überschritten worden; es wurde sogar spekuliert, die
entsprechenden Berichte in der *New York Times* spiegelten nur die
familienfeindliche Grundhaltung der Zeitung wider.

   Langfristige Trends finden oft keine Medienbeachtung, es sei
denn, es wird eine symbolische Grenze – hier 50 % – erreicht oder
überschritten. Im vorliegenden Fall gingen die sozialen Hintergründe, die Ursachen und die eigentliche Bedeutung der Meldung
vollkommen unter, und die Diskussion bezog sich ausschließlich
darauf, ob der Meilenstein tatsächlich genommen worden war
oder nicht.

G7 | Durchschnittswerte

Im Zusammenhang mit sozialen Problemen hört man oft
von „Durchschnittswerten". In der Alltagssprache hat

„Durchschnitt" eher die Bedeutung von „normal", „gewöhnlich" oder „typisch": „Er ist ein Durchschnittsmensch."[15] Sobald wir jedoch einen Durchschnitt angeben sollen, begeben wir uns auf überraschend trickreiches Gebiet, denn selbst der Fachbegriff bezeichnet zwei verschiedene Größen, die unterschiedlich berechnet werden.

In den meisten Fällen ist mit dem „Durchschnitt" der Mittelwert (exakter das arithmetische Mittel) gemeint. Zu seiner Berechnung addiert man die Beiträge aller Fälle und dividiert die Summe durch die Anzahl der Fälle. Angenommen, die Spieler einer Basketballmannschaft haben folgende Körpergrößen (in Zentimetern): 192, 195, 196, 197 und 201. Dann ist der Mittelwert der Körpergrößen 196,2 (192+195+196+197+201 = 981, 981/5 = 196,2). Der Mittelwert ist eine sehr brauchbare Größe, um einen Durchschnitt zu erfassen, zumindest solange sich die Einzelbeiträge nicht zu sehr unterscheiden.

Der Mittelwert ist allerdings bei weitem nicht mehr so sinnvoll, wenn einige Fälle einen extremen Beitrag liefern. Stellen wir uns einmal vor, der fünfte Spieler wäre ein echter Riese von 15 m (1500 cm) Länge. Der Mittelwert der Körpergröße der Mannschaft wäre in diesem Fall 456 cm, also ungefähr 4,5 m; trotzdem hätte keiner der Spieler auch nur annähernd diese „Durchschnittsgröße", vier wären stattdessen viel kleiner und einer viel größer.

Vielleicht finden Sie dieses Beispiel ein wenig an den Haaren herbeigezogen. Überlegen sie aber einmal, wie einige wenige sehr reiche Personen den Mittelwert des Lebensstandards oder Einkommens beeinflussen. In Fällen, bei denen sich einzelne Beiträge sehr von der großen Masse abheben, benutzt man anstelle des Mittelwerts gern den sogenannten Medianwert. Um ihn zu berechnen, ordnet man zunächst sämtliche Fälle nach ihrem Beitrag, beispielsweise beginnend mit dem kleinsten Wert. Anschließend greift man den Wert in der Mitte dieser Liste heraus. Betrachten wir dies am Beispiel unserer Basketballmannschaft: Der Medianwert beträgt 196 cm, denn es gibt zwei Spieler, die kleiner sind, und ebenso zwei Spieler, die größer sind. Das trifft zu, gleichgültig, ob der größte Spieler 201 cm oder 1500 cm groß ist. Der 196 cm große Spieler in der Mitte dieser Verteilung repräsentiert die Mediangröße.

 Verdächtig

Durchschnittswerte: Was ist gemeint, der Mittelwert oder der Medianwert? Ändert sich die Aussage, wenn man den anderen Wert benutzt?

Beispiel: Wie viel Erspartes hat die Durchschnittsfamilie?

Im Jahre 2005 las man bei CNN.com: „Erhebungen besagen, die amerikanischen Haushalte seien gut bei Kasse, aber die Verbraucher geben jeden verdienten Cent sofort aus." Zum Beweis wurden zwei einander scheinbar widersprechende offizielle Statistiken angeführt. Eine von ihnen zeigte, dass die Amerikaner null Prozent ihres Einkommens sparen, die andere, dass der durchschnittliche US- Haushalt ein Nettovermögen von mehr als 400 000 Dollar besitzt.[16] Die erste Zahl scheint zu besagen, dass es dem typischen Amerikaner wirtschaftlich nicht besonders gut geht; die zweite Zahl hingegen zeichnet ein weitaus optimistischeres Bild. Wie können beide wahr sein?

Ein Teil der Lösung dieses Rätsels ist die merkwürdige Entscheidung der CNN, das durchschnittliche Nettovermögen eines Haushalts als Mittel- und nicht als Medianwert anzugeben. Den Daten von 2001 können wir entnehmen, dass die „Median"-Familie über ein Nettovermögen von 86 100 Dollar verfügt (eingerechnet sind Ersparnisse, Wohnung und andere Besitztümer).[17] Das bedeutet: Die Hälfte aller Familien hat ein Nettovermögen von weniger, die andere Hälfte von mehr als 86 100 Dollar. Der *Mittelwert* des Nettovermögens lag hingegen bei 395 500 Dollar. Wenn wir also das Vermögen aller Haushalte addieren und durch die Anzahl der Haushalte teilen, gelangen wir zu dem von CNN zitierten „Durchschnittswert" von ungefähr 400 000 Dollar. Der gewaltige Unterschied zwischen dem Medianwert (86 100) und dem Mittelwert (395 500) kommt durch einen kleinen Anteil von Familien mit einem sehr großen Nettovermögen zustande.

Diesen Effekt erkennen wir noch deutlicher, wenn wir die Bevölkerung nach dem Einkommen ordnen. Unter den ärmsten 20 % der Bevölkerung finden wir einen *Medianwert* des Nettovermögens von nur 7 900 Dollar. Demgegenüber liegt der Medianwert für die reichsten 10 % bei 833 600 Dollar – mehr als das Hundertfache. Bei den nächstreichen 10 % (man kann dafür sagen „der 80.–90. Perzentile der Verteilung") beträgt der Medianwert bereits nur noch 263 100 Dollar. Der Median dieser Gruppe ist die 85. Perzentile. Das bedeutet, 85 % aller Amerikaner haben ein Nettovermögen von weniger als 263 100 Dollar, 15 % verfügen über mehr als diese Summe. Wenn wir aber, wie der CNN-Bericht, den Durchschnittswert von 400 000 Dollar heranziehen, könnten wir zu dem Schluss kommen, fast 90 % der Bevölkerung hätte ein „unterdurchschnittliches" Vermögen.

Wenn die Daten einer Statistik sehr breit gestreut sind – etwa beim Einkommen oder beim Wohlstand –, liefert der Medianwert in der Regel eine bessere Vorstellung vom „Durchschnitt" als der Mittelwert.

G8 | Epidemien

Eine weitere sehr beliebte Methode, eine Statistik aufsehenerregend zu verpacken, ist die Warnung vor einer „Epidemie". Dieses Wort beschwört das Bild einer tödlichen

Seuche wie der Pest herauf, die sich schnell und großflächig ausbreitet. Wenn wir beispielsweise von einer „Fettleibigkeitsepidemie" lesen, folgern wir, dass sich Fettleibigkeit sehr rasch ausbreitet, dass sie eine schlimme Sache ist und dass sie viele Personen betrifft.

Wortführer von Kampagnen benutzen solche Ausdrücke oft, um auf Probleme aufmerksam zu machen, die erst seit vergleichsweise kurzer Zeit genauer unter die Lupe genommen werden. Lange Zeit hat kaum jemand dem Problem X Beachtung geschenkt, jetzt plötzlich befassen sich Medien und Politiker damit. Die Leute wissen nun, die Sache hat einen Namen; sie lernen, die charakteristischen Anzeichen zu erkennen, und fühlen sich ermutigt, darüber zu reden. Bevor dieser Rummel begann, hat vielleicht noch niemand detailliert Buch über die Fälle geführt, doch nun, nachdem das Thema in die Schlagzeilen gekommen ist, gewinnen genaue Zahlen an Bedeutung, und die Aufzeichnungen werden gewissenhafter angefertigt.

Das bedeutet nichts anderes als: Wenn einem Problem erstmals Aufmerksamkeit geschenkt wird, ist es stets einfach, Statistiken vorzulegen, die beweisen, dass bisher nur sehr wenige Fälle bekannt wurden, während in der jüngeren Vergangenheit die Häufigkeit rapide zugenommen hat. Wie wir gesehen haben, ist das nur logisch. Kommentatoren fällt es aber nicht schwer, das Zahlenmaterial so auszulegen, dass es einen tatsächlichen sprunghaften Anstieg der realen Fälle – eben eine Epidemie – widerspiegelt.

Achtung, aufgepasst!

Ankündigungen einer neuen „Epidemie"

Vergleiche alter Daten (die aus einer Zeit stammen, als dem Problem noch keine Aufmerksamkeit geschenkt wurde) mit neuen Daten (die von Leuten erhoben wurden, die sich gründlich mit dem Sachverhalt befassen)

Beispiel: Gibt es eine Autismus-Epidemie?

Immer häufiger liest man in den Medien – elektronischen wie gedruckten –, die Fälle von Autismus hätten dramatisch zugenommen. Was verursacht Autismus, und warum stieg die Zahl der Diagnosen derart rapide an? Mediziner führen Autismus eher auf genetische Faktoren zurück; Wortführer verschiedener anderer Gruppen machen Umwelteinflüsse verantwortlich, beispielsweise verunreinigte Impfstoffe, die Ernährung oder das Kabelfernsehen.

Viele der Erklärungen für den Anstieg von Autismusdiagnosen übersehen einen wichtigen Punkt: Die Definition von Autismus wurde geändert.[18] Im Jahre 1980 verlangten die von der Amerikanischen Gesellschaft für Psychiatrie festgelegten Kriterien, dass bei einem Patienten sechs definierte Symptome nachweisbar sein mussten, damit man von Autismus sprechen konnte. Im Jahre 1994 wurden neue Kriterien erarbeitet; nun musste ein Patient acht aus einer Liste von 16 Symptomen aufweisen, um als Autist zu gelten. Diese neuen Symptome waren breiter gefasst, weniger spezifisch und deshalb leichter zu erfüllen. Außerdem waren 1980 nur zwei Formen von Autismus bekannt, wohingegen 1994 schon fünf Formen unterschieden wurden, zu denen auch zwei „mildere" Varianten gehören, die drei Viertel aller Diagnosen ausmachen. (Das ist wieder eine Bestätigung unserer Faustregel: Die schlimmen Fälle sind die seltensten.) Mit anderen Worten: Im Vergleich zu früher gelten heute weitaus mehr Verhaltensmuster als autistisch, und wenn man diese Definitionsänderung berücksichtigt – ganz zu schweigen von der größeren allgemeinen Beachtung, die Autismus heute findet, durch die immer weniger Fälle übersehen werden –, dann erscheint ein epidemischer Zuwachs der realen Fallzahlen eher unwahrscheinlich.

G9 | Korrelationen

Einen Zusammenhang zwischen zwei Variablen zu beobachten, gehört zu den grundlegenden Strategien, die Welt zu verstehen, denn Korrelationen sind Ausdruck von Kausalbeziehungen: Um A als Ursache von B zu betrachten, müssen wir eine Regel erkennen, die einen Zusammenhang von A und B beschreibt. (Beispiel: Wenn A zunimmt, nimmt B im Allgemeinen auch zu.)

Allerdings genügt die Beobachtung einer Korrelation nicht, um auf eine Kausalbeziehung zu schließen. Es kann sein, dass der Zusammenhang zwischen A und B unecht ist. Das bedeutet, es gibt einen dritten Faktor X, der sowohl A als auch B beeinflusst, was sich als Scheinkorrelation zwischen A und B äußert.

Die möglichen Variablen eines Problems sorgfältig einzeln zu betrachten, um herauszufinden, welche Korrelationen tatsächlich kausal sind und welche verschwinden, wenn zusätzliche Variablen berücksichtigt werden, gehört zu den größten Herausforderungen, denen sich Sozial- und alle anderen Wissenschaftler zu stellen haben. So findet man häufig Unterschiede zwischen verschiedenen Bevölkerungsgruppen, etwa Weißen und Schwarzen oder Einheimischen und Immigranten. Ist aber tatsächlich Rasse oder Herkunft der Personen der entscheidende Faktor, oder gibt es andere Ursachen? Ist vielleicht stattdessen die Tatsache, dass die weiße Bevölkerung im Durchschnitt über ein höheres Einkommen verfügt als die schwarze, für die Ungleichheit eines gegebenen Sachverhalts verantwortlich? Solche Fragen muss man stellen, und man muss sie beantworten, bevor man die Vermutung äußert, A sei tatsächlich die Ursache von B.

Allzu häufig jedoch sind einfache Korrelationen Gegenstand der Statistik: Wenn A zunimmt, passiert (meist) B. Weil sie mögliche Einflüsse anderer Faktoren außer Acht lassen, sind Folgerungen dieser Art mit Vorsicht zu genießen.

Achtung, aufgepasst!

Kausalbeziehungen. Gibt es andere Variablen, die für die Beziehung zwischen der vermeintlichen Ursache und dem Effekt verantwortlich sein könnten?

Beispiel: Wie wichtig ist das gemeinsame Abendessen in der Familie?

In einem Bericht aus dem Jahr 2006 wurde festgestellt, dass es in Familien, die regelmäßig gemeinsam zu Abend essen, tendenziell weniger Probleme gibt.[19] Konkret verglich man eine Gruppe von Jugendlichen, die an fünf oder mehr Tagen der Woche im Familienkreis essen, mit Jugendlichen, die das seltener tun. In der ersten Gruppe wurde, so stellte sich heraus, im Schnitt weniger Marihuana geraucht und weniger Alkohol oder Tabak konsumiert; die Jugendlichen zeigten bessere schulische Leistungen, und ihr Verhältnis zu den Eltern war entspannter als bei den Mitgliedern der zweiten Gruppe.

Angenommen, diese Angaben sind wirklich richtig, wie wichtig ist dann das gemeinsame Abendessen in der Familie tatsächlich? Kann die Erfahrung des Familientischs Jugendliche gegen die Gefahren der Welt impfen? Vielleicht liegt in dem Ritual der gemeinsamen Abendmahlzeit tatsächlich eine besondere Kraft?

Es könnte hingegen auch einen noch nicht berücksichtigten Faktor geben, der sowohl dafür verantwortlich ist, dass die Familie häufig gemeinsam am Tisch sitzt, als auch dafür, dass die Kinder relativ wenige Probleme haben. Ein solcher Faktor könnte das

Einkommen der Eltern sein. Einer Familie in unsicheren wirtschaftlichen Verhältnissen mag es schwerer fallen, ein geregeltes gemeinsames Abendessen zu organisieren, und Kinder aus einkommensschwachen Familien haben bekanntermaßen größere Probleme in der Schule. Hätte man das Einkommen (oder eine andere Variable) der Familien berücksichtigt, so wäre der Einfluss des gemeinsamen Abendessens auf das Verhalten der Jugendlichen möglicherweise nicht so dramatisch ausgefallen.

Ein Bericht, der für eine oder mehrere Wirkungen nur eine einzelne Ursache anführt, impliziert, dass damit bereits die (einzige) Ursache des beobachteten Effekts gefunden ist. Es lohnt sich immer zu fragen, ob auch ein anderer Faktor für die augenscheinliche Beziehung verantwortlich sein kann.

G10 | Bahnbrechende Entdeckungen

Medien berichten gerne über besonders aufregende Ereignisse; diese Vorliebe verzerrt die Berichterstattung über Wissenschaft. Forschung ist normalerweise undramatisch und beinhaltet nichts weiter als das Prüfen und Wieder-Prüfen gefundener Daten oder Sachverhalte. Eine Unmenge von Faktoren muss betrachtet, auf ihren Einfluss auf einen beobachteten Zusammenhang untersucht, beibehalten oder beiseite gelegt werden. Dieser Prozess ist notwendigerweise sehr langwierig, denn die Wissenschaftler müssen sich durch eine Fülle von Informationen arbeiten, bis sie sich nach und nach einer gemeinsamen Meinung nähern. In den seltensten Fällen ist diese Arbeit für Außenstehende besonders aufregend.

Trotzdem berichten die Medien immer wieder von wissenschaftlichen Entwicklungen, die sie als bahnbrechende Entdeckungen verkaufen. Eine gewisse Unterstützung erhalten sie dabei von den naturwissenschaftlichen und medizinischen Fachzeitschriften, die Pressemitteilungen über manche Originalarbeiten herausgeben; dabei handelt es sich um eine kurze Zusammenfassung der wichtigsten Ergebnisse, aus der die Journalisten dann einen Zeitungsbericht machen.

Das Risiko bei der Berichterstattung über Forschungsarbeiten ist jedoch, dass sich bei deren Überprüfung und Fortsetzung die ursprünglich gefeierten Resultate als falsch erweisen können.

 ## Achtung, aufgepasst!
Berichte über bahnbrechende Entdeckungen

Beispiel: Medizinische Forschung geht oft in die Irre

2005 berichtete das *Journal of the American Medical Association*, rund ein Drittel der einflussreichen klinischen Forschungsberichte erweise sich später als falsch.[20] Die Verfasser des Artikels bezogen sich dabei auf insgesamt 45 Arbeiten, die folgende Kriterien erfüllten: Sie mussten bestimmte Behandlungsmethoden als besonders wirkungsvoll bezeichnen, in den Jahren 1990 bis 2003 in bekannten medizinischen Fachzeitschriften erschienen und mindestens 1 000-mal zitiert worden sein. (Die Häufigkeit, mit der ein Artikel in anderen wissenschaftlichen Abhandlungen zitiert wird, gilt als ein Maß für den Einfluss dieser Arbeit; nur sehr wenige Artikel werden mehr als 1 000-mal zitiert.) Mit anderen Worten: In diesen 45 Artikeln wurde behauptet, eine bestimmte Therapie sei erfolgreich, und sehr viele Personen hatten dieser Behauptung Beachtung geschenkt.

In sieben Fällen (16 %) kam die weitere Forschung zu dem Schluss, die Behauptung des Originalartikels sei falsch; die beschriebene Behandlungsmethode wirkte überhaupt nicht. In weiteren sieben Fällen (nochmals 16 %) wirkte die Methode zumindest nicht so gut, wie der Originalartikel suggeriert hatte. Anders ausgedrückt: 32 % (fast ein Drittel) der einflussreichen Artikel gelangten zu Schlussfolgerungen, die sich später als übertrieben oder sogar falsch herausstellten. Davon betroffen waren insbesondere Studien mit kleinem Probandenkreis und solche, bei denen die Behandlungsmethode den Probanden nicht zufällig zugewiesen worden war, also solche mit Schwächen im Design (risikobehafteten Kriterien oder Messverfahren).

Was ist daraus zu lernen? Eine einzelne Studie kann sich als falsch erweisen, auch wenn sie zunächst viel Aufmerksamkeit erregt. Berichte über dramatische, ja bahnbrechende wissenschaftliche Entdeckungen sollten immer mit Vorsicht betrachtet werden.

H

Debatten: Wenn Statistiken einander widersprechen

Viele der Statistiken, die wir bisher als Beispiele herangezogen haben, standen mehr oder weniger für sich allein. Zeitungsartikel enthalten meist nur statistische Angaben aus einer einzigen Quelle („eine Milliarde Vögel stirbt jährlich an Fensterscheiben"). In einem solchen Fall liegt es an uns, die Daten zu bewerten – sie zu akzeptieren, zu ignorieren, kritisch zu hinterfragen und dann für uns zu entscheiden, ob wir ihnen Vertrauen schenken.

Bei anderen Gelegenheiten stoßen wir jedoch auf Statistiken, die einander widersprechen: Verschiedene Quellen – Kontrahenten in einem Streit – legen Zahlen vor, die um Welten voneinander abweichen können, und kritisieren oft im gleichen Atemzug die Angaben des Gegners. Jede Seite hofft, die Argumente des Gegners aushebeln und dafür mit den eigenen Argumenten überzeugen zu können. Solche Debatten können das Verständnis des Publikums fördern oder hindern. Hilfreich können sie sein, wenn Kritik auf Schwachpunkte im eigenen Zahlenmaterial aufmerksam macht. So waren es im Naturschutz engagierte Kritiker der Umweltpolitik der Regierung Bush, die die erweiterte Definition von Feuchtgebieten öffentlich machten, auf deren Grundlage die Behörden eine Flächenzunahme der Feuchtgebiete konstatiert hatten (Abschnitt E3). Eine derart gezielte Kritik lässt uns leicht verstehen, weshalb wir bestimmte Daten hinterfragen sollten.

In anderen Fällen sind wir von solchen (oft leidenschaftlich geführten) Diskussionen über genaue Zahlenwerte überfordert. Wir sehen machtlos zu, während jeder der Kontrahenten zuversichtlich seine eigenen Ergebnisse verteidigt und alle ihnen widersprechenden Daten attackiert. Was sollen wir mit einer solchen Debatte anfangen? Ist eine der beiden Statistiken richtig und die andere völlig falsch? Sind beide falsch – oder am Ende beide richtig? Bald sind wir versucht, den wilden Streit einfach zu ignorieren.

Trotzdem sind wir oft in der Lage nachzuvollziehen, wie die einander scheinbar widersprechenden Zahlen zustande gekommen sind. Die widerstreitenden Behauptungen lassen sich entwirren, wenn wir Quellen, Definitionen, Kriterien und Verpackung unter die Lupe nehmen, also Faktoren, die wir bereits besprochen haben. In diesem Abschnitt geht es um drei weitere häufig strittige Punkte: Kausalität, Gleichstellung und Politik.

H1 | Strittige Kausalbeziehungen

Viele Statistiken dienen dem Zweck, ursächliche Erklärungen zu stützen; sie sollen beweisen, dass A die Ursache von B ist. Jeder weiß, dass Rauchen eine Ursache für Lungenkrebs sein kann. Eigentlich mit dieser Aussage gemeint ist eine Korrelation: Raucher erkranken wesentlich häufiger an Lungenkrebs als Nichtraucher. (In Wirklichkeit steckt noch mehr dahinter: Die Korrelation war noch nachweisbar, nachdem andere Faktoren, die für die augenscheinliche Beziehung zwischen Rauchen und Lungenkrebs verantwortlich sein könnten, genauer untersucht und ausgeschlossen wurden [siehe Abschnitt G9], und es gibt eine Theorie, die den Zusammenhang erklärt – nämlich, dass bestimmte Chemikalien im Rauch das Lungengewebe reizen.) Zwar erkrankt nicht jeder Raucher an Lungenkrebs, und umgekehrt können auch Nichtraucher betroffen sein, aber nachgewiesen ist, dass für Raucher eine um 20 % größere Wahrscheinlichkeit besteht, an Lungenkrebs zu erkranken, als für Nichtraucher.

Solche Argumentationen sind wir von den Medien gewohnt, besonders aus Berichten, die bestimmte Ernährungsweisen oder andere Aspekte des Lebensstils mit der Anfälligkeit für bestimmte gesundheitliche Probleme verbinden. Es heißt dann, eine angebliche Ursache (Lebensstil A) führe zu einem angeblichen Effekt (Krankheit B). An solchen Darstellungen ist zweierlei problematisch. Erstens kann die Korrelation zwischen A und B ziemlich schwach sein. (Es gibt Fachleute, die behaupten, man könne alle derartigen Befunde vergessen, wenn ein relatives Risiko nicht um mindestens 200 % erhöht wäre. Mit anderen Worten: Wenn A angeblich das Risiko für B um beispielsweise 37 % – oder jede andere Zahl unter 200 – erhöht, sei dies praktisch ohne Belang; vgl. z. B. Abschnitt C2.)[1] Zweitens können Korrelationen, wie in Abschnitt G9 bereits angesprochen wurde, nie eine Ursächlichkeit beweisen. Es ist immer möglich, dass sich eine scheinbar kausale Beziehung im Nachhinein als nicht ursächlich erweist, weil eine dritte Größe X sowohl A als auch B beeinflusst.

In den Naturwissenschaften lassen sich kausale Beziehungen vielfach durch geeignete Experimente nachweisen. So könnte ein Chemiker zwei Versuchsanordnungen vergleichen, die in jeder Hinsicht identisch sind, außer dass eine Anordnung zusätzlich Substanz A enthält und die andere nicht. Sind die Ergebnisse verschieden, dann ist es sehr wahrscheinlich, dass A für den Unterschied verantwortlich ist. Mit sozialen Problemen lässt sich im Allgemeinen nicht in dieser Art experimentieren, und zwar sowohl aus praktischen als auch aus ethischen Gründen. Wir können nicht sämtliche Faktoren im Leben eines Menschen steuern, um die Wirkung eines bestimmten Aspekts zu isolieren.

Außerdem ist für soziale Probleme oft eine Vielfalt von Erklärungen denkbar. Was verursacht Armut oder Straffälligkeit? An Theorien fehlt es nicht: Strukturelle Theorien sehen die Ursachen in der Gesellschaftsstruktur (etwa: „Arme haben zu wenig Chancen, im Leben voranzukommen"), kulturelle Theorien eher in Charaktereigenschaften (etwa: „Arme geben sich einfach nicht genug Mühe") usw. Leute, die sich mit sozialen Fragen befassen, haben meist eine Lieblingserklärung und legen uns Statistiken vor, die den Effekt der ihrer Meinung nach hauptsächlichen Faktoren untermauern. Debatten zwischen Vertretern rivalisierender Interessensgruppen finden in den Medien manchmal ziemlich starke Beachtung.

Achtung, aufgepasst!

Berichte, die vorgeben, die Hauptursache für ein komplexes Problem zu erfassen.

Rivalisierende Erklärungen für dasselbe Phänomen.

Beispiel: Weshalb gingen die Kriminalitätszahlen zurück?

In den 1990er Jahren wurde in den Vereinigten Staaten ein unerwarteter Trend beobachtet: Die Verbrechenszahlen sanken drastisch. Diese an sich willkommene Nachricht überraschte jedoch einige Experten, die offen die Ansicht vertraten, die Kriminalitätsrate werde auf einen neuen Höchstwert ansteigen. 1996 warnte ein Buch: „Es wächst eine neue Generation von Straßenkriminellen heran – die jüngste, schlimmste und zahlenmäßig stärkste Generation, die je eine Gesellschaft hervorgebracht hat."[2] Als dieses Buch erschien, waren die Zahlen gerade mehrere Jahre lang gesunken.

Zu Beginn des 21. Jahrhunderts pendelte sich die Kriminalitätsrate auf einen neuen, niedrigeren Wert ein. Es wurde immer deutlicher, dass die Zahlen zurückgegangen waren, wobei es natürlich keine Garantie gab, dass sie nicht wieder steigen würden. Doch wie ließ sich der Rückgang erklären?

Ein Sprichwort sagt: Der Sieg hat hundert Väter, die Niederlage ist ein Waisenkind. Sehr schnell fanden sich unzählige, einander zum Teil widersprechende Erklärungen. Die Konservativen wiesen auf die strengere Überwachung der Einhaltung der Gesetze hin, etwa die „Broken-Windows"-Strategie zum Vorgehen gegen Bagatelldelikte mit dem Ziel, dem Fortschreiten der Kriminalität frühzeitig vorzubeugen, und die strenge Bestrafung von Wiederholungstätern. Demgegenüber verwiesen die Liberalen auf verschärfte Waffengesetze und eine Verstärkung der Polizei, finanziert durch eine Initiative von Bill Clinton. Kriminologen betonten den Einfluss der florierenden Wirtschaft, erwähnten aber auch den immer organisierteren Drogenhandel, wodurch Gewalttaten zwischen rivalisierenden Dealern zurückgegangen waren.

In jüngerer Zeit haben auch andere Erklärungen für Wirbel gesorgt. In dem Bestseller *Freakonomics* argumentiert der Wirtschaftswissenschaftler Steven D. Levitt, eine Legalisierung von Schwangerschaftsabbrüchen reduziere die Anzahl unerwünschter Kinder, für die seiner Meinung nach die Wahrscheinlichkeit, später straffällig zu werden, besonders hoch sei.[3] Diese Einschätzung sorgte allseits für Unmut: Einige Konservative waren entrüstet, dass man Abtreibungen positive Effekte abgewinnen konnte, manche Liberale wehrten sich gegen die Behauptung, die Kinder von armen, jungen Frauen (die sich am häufigsten zu einem Schwangerschaftsabbruch entschlossen) seien besonders kriminalitätsanfällig. Dann wieder stürzten sich die Medien auf die Äußerung eines anderen Ökonomen, die gesunkenen Kriminalitätsraten seien auf die niedrigeren Grenzwerte bei der Emission von Blei durch Fahrzeuge und Müllverbrennungsanlagen zurückzuführen.[4] Bleivergiftungen werden immer wieder im Zusammenhang mit aggressivem Verhalten diskutiert.

Solche Studien beruhen auf multiplen Regressionsanalysen, aufwendigen statistischen Verfahren, mit denen man den relativen Einfluss mehrerer möglicher Faktoren (hier: härteres Vorgehen gegen Straftäter, legalisierte Schwangerschaftsabbrüche und Bleigrenzwerte) auf eine Messgröße (hier: die Kriminalitätsrate) bestimmen kann. Das Verfahren ist an sich sinnvoll, kann aber die Frage nach der Ursache für den Rückgang der Kriminalität nicht endgültig beantworten. Kriminologen bezweifeln nach wie vor den Effekt durch die Erleichterung von Schwangerschaftsabbrüchen.[5] Abgesehen von möglichen Korrelationen erwiesen sich die demographischen Folgen der Legalisierung von Schwangerschaftsabbrüchen als schwer erfassbar. Schon vor der entsprechenden Entscheidung des Obersten Gerichtshofs im Jahre 1973 (der sogenannten „Roe v. Wade"-Entscheidung) war die Geburtenrate in den Vereinigten Staaten rückläufig, vermutlich weil die Pille und andere Verhütungsmittel immer leichter zugänglich waren. In den Jahren nach der Entscheidung blieb die Geburtenrate konstant. (Ganz sicher stieg die Zahl der legalen Schwangerschaftsabbrüche, warum also ging die Geburtenrate nicht weiter zurück? Ein Grund könnte sein, dass die legalen Abbrüche an die Stelle der illegalen traten, die nie in der Statistik aufgetaucht waren.) Auch die Geburtenraten bei Müttern, die alleinerziehend und/oder im Teenageralter waren, gingen nicht zurück, sondern nahmen sogar noch etwas zu. Letztendlich beruhte die Behauptung, die Legalisierung von Schwangerschaftsabbrüchen sei die Ursache für den

Rückgang der Kriminalität, lediglich auf der Tatsache, dass die Zahl der Straftaten in den Vereinigten Staaten rund 17 Jahre nach dem Urteil des Obersten Gerichtshofs abzunehmen begann. Dies wurde damit begründet, dass es einfach weniger Teenager gebe (das ist die Altersgruppe mit der höchsten Kriminalitätsrate). In Wirklichkeit nahm die Anzahl der Jugendlichen in dieser Altersgruppe aber zu (was wiederum andere Experten zur Prognose der Welle von Superstraftätern veranlasst hatte). Die Korrelation zwischen der Neuregelung des Schwangerschaftsabbruchs und dem Rückgang der Verbrechenszahlen ist – wie alle Korrelationen – kein Beweis für einen kausalen Zusammenhang.

Wo die Gründe dieses Phänomens wirklich liegen, wird weiterhin diskutiert. Die Bekanntgabe der Entdeckung war nur der erste Schritt (siehe Abschnitt G10). Es kann noch Jahre dauern, bis die Sozialwissenschaftler diesbezüglich einen Konsens erreicht haben werden. Auch wenn die verschiedenen Erklärungsansätze interessant klingen, sollten wir gerade die Tatsache, dass immer wieder neue Theorien auftauchen, als Indiz dafür werten, dass das letzte Wort noch lange nicht gesprochen ist.

H2 | Fragwürdige Gleichbehandlung

In den Vereinigten Staaten gehört, wie in vielen anderen Ländern der Welt, der Gleichheitsgrundsatz zu den Grundwerten der Gesellschaft. Praktisch jeder unterstützt dieses Grundrecht, doch hinsichtlich seiner Bedeutung im Alltag gehen die Meinungen oft auseinander. In den vergangenen Jahren wurde in den Vereinigten Staaten der Slogan „Rasse, Klasse, Geschlecht" geprägt, der die Bevölkerung an die drei Dimensionen erinnern soll, in denen sich Ungleichbehandlung am häufigsten zeigt: Wir finden in vielfacher Hinsicht – Schulabschluss, Gesundheit, Einkommen, Kriminalität – einen deutlichen Unterschied zwischen Schwarz und Weiß, Reich und Arm, Männlich und Weiblich. Worauf diese Unterschiede beruhen, worin ihre Ursachen liegen und was man tun kann, um sie zu beseitigen, steht immer wieder auf der Tagesordnung.

In Diskussionen über die Gleichbehandlung spielen Statistiken eine wichtige Rolle. Vertreter bestimmter Interessengruppen brauchen zunächst Zahlen, an denen sie das Vorhandensein einer Diskriminierung beweisen können; erst dann können sie zu Reformen aufrufen. Ihre Gegner kontern gewöhnlich mit Zahlen, die entweder zeigen sollen, dass das Problem nicht so wichtig ist, oder die beweisen, dass es in der jüngeren Vergangenheit bereits erhebliche Verbesserungen gegeben hat. In diesem Dschungel aus statistischen Behauptungen und Gegenbehauptungen kann man sich leicht verirren.

Häufig argumentieren die Kontrahenten sogar mit denselben Zahlen. Tabelle 4 zeigt, wie sich die Lebenserwartung von farbigen und weißen Männern und Frauen im Verlaufe des 20. Jahrhunderts verändert hat. An dieser Tabelle lassen sich mehrere Dinge ablesen: Innerhalb jeder Rasse leben Frauen länger als Männer; bei beiden Geschlechtern leben Weiße länger als Farbige; alle vier Gruppen zeigen einen deutlichen Anstieg der Lebenserwartung innerhalb der letzten hundert Jahre. Diese Aussagen mögen eindeutig erscheinen, doch sie lassen unterschiedliche Interpretationen zu.

Eine Interpretation – die pessimistischere Lesart à la „das Glas ist halb leer" – konzentriert sich auf die Ungleichheit bezüglich der Rassen. Auch im Jahr 2004 hatten Weiße eine höhere Lebenserwartung als Farbige: Im Durchschnitt lebte ein weißer Mann nahezu sechs Jahre länger als ein farbiger Mann, und eine weiße Frau lebte über vier Jahre

Tabelle 4 Durchschnittliche Lebenserwartung (in Jahren) bei der Geburt, aufgeschlüsselt nach Rasse und Geschlecht, in den Jahren 1904 und 2004.

Untergruppe	1904	2004
Männer, weiß	46,6	75,7
Frauen, weiß	49,5	80,8
Männer, farbig	29,1	69,8
Frauen, farbig	32,7	76,5

Quelle: U.S. Bureau of the Census, *Historical Statistics of the United States: Colonial Times to 1970* (Washington, DC: Government Printing Office, 1975), 55; U.S. Bureau of the Census, *Statistical Abstract of the United States 2007* (Washington, DC: Government Printing Office, 2007), 75.

länger als eine farbige Frau. Diese Sichtweise betont, dass es zwischen den Rassen immer noch einen deutlichen Unterschied in Bezug auf die Lebenserwartung gibt.

Die andere Lesart derselben Statistik – „das Glas ist halb voll" – konzentriert sich darauf, dass die rassentypischen Unterschiede der Lebenserwartung in diesem Jahrhundert erheblich abgenommen haben. Die Lebenserwartung der Weißen stieg um ungefähr 30 Jahre, die der Farbigen dagegen um ungefähr 40 Jahre, wodurch sich der Abstand zwischen den Rassen deutlich verringert hat. Farbige Frauen haben mittlerweile sogar eine höhere Lebenserwartung als weiße Männer. Diese Sichtweise betont den Fortschritt in Richtung Gleichheit.

Welche der beiden Interpretationen ist richtig? Jene, die die immer noch vorhandenen Unterschiede betont, oder jene, die die relative Angleichung thematisiert? Offenbar stützen die Daten beide Sichten. Dieses Beispiel verdeutlicht einen wichtigen Aspekt, den man beim Betrachten von Statistiken, die mit Gleichbehandlung zu tun haben, nicht vergessen darf. Die Unterschiede zwischen Rassen, Klassen und Geschlechtern reichen weit in die Vergangenheit zurück. Durch ihr soziales Umfeld haben einzelne Menschen einen erheblichen Vorteil oder Nachteil, und es ist sehr unwahrscheinlich, dass solche Unterschiede von heute auf morgen völlig verschwinden. Auch in einer Zeit zunehmender Gleichstellung kann man mit Statistiken aufwarten, die zeigen, dass es keine vollkommene Gleichheit gibt. Es wird auch weiterhin Uneinigkeit darüber herrschen, wie die immer noch vorhandenen Unterschiede zu deuten sind.

 Achtung, aufgepasst!

Behauptungen, es herrsche keine soziale Gleichheit

Erklärungen, die ihre Daten in einen historischen oder geografischen Zusammenhang stellen – oder nicht

Beispiel: Wer hat eigentlich Probleme – Jungen oder Mädchen?

Die heutige Diskussion über eine fehlende Gleichberechtigung der Geschlechter begann um 1970 mit der Frauenbewegung. Mit *Sexismus* wurden Ansichten und Gepflogenheiten bezeichnet, durch die Frauen offensichtlich benachteiligt wurden, und es wurden viele sexistische Strukturen in der Gesellschaft identifiziert. Dabei spielten Statistiken eine wichtige Rolle. Beispielsweise wurde angeführt, dass es zwar ungefähr gleich viele junge Männer und Frauen gab, aber in Ausbildungsgängen, die auf Spitzenpositionen in juristischen und medizinischen Berufen abzielten, die Männer bei weitem in der Mehrheit waren. Diese Unverhältnismäßigkeit legte die Vermutung nahe, dass Mädchen bei einer Bewerbung an diesen Schulen durch die Auswahlkriterien benachteiligt wurden. Umgekehrt wurde argumentiert, es gebe in den Bewerbergruppen eben mehr qualifizierte junge Männer als junge Frauen, was in die Frage mündete, welche sexistischen Umstände im Erziehungssystem für die geringere Qualifikation der Mädchen verantwortlich waren. Bald tauchten alle möglichen Statistiken auf, die bewiesen, dass sich beispielsweise Lehrer eher auf die Jungen konzentrierten und den Mädchen weniger Aufmerksamkeit entgegenbrachten, wodurch diese wiederum den Eindruck gewannen, dass ihre akademischen Leistungen keine Wertschätzung erfahren.

In jüngerer Zeit hört man auch Argumente in Gegenrichtung, wonach das heutige Erziehungs- und Schulsystem eher die Jungen benachteiligt. Auch sie berufen sich auf Statistiken. Unter den Schulabbrechern sind wesentlich mehr Jungen als Mädchen – für die Kritiker ein Beweis, dass heutige Schulen die Jungen nicht erreichen.[6]

Wer sich kritisch mit den rivalisierenden Behauptungen zur Gleichbehandlung von Mann und Frau – oder zu jedem anderen Gleichstellungsproblem – auseinandersetzen will, sollte darauf achten, wie die jeweilige Seite ihre Zahlen präsentiert. Durch kleine Variationen der Darstellung können aus denselben Zahlen scheinbar gegensätzliche Schlüsse gezogen werden. So kann aus dem Material, in Abhängigkeit von den Kriterien der Messung und Interpretation, eine Benachteiligung sowohl der Jungen als auch der Mädchen herausgelesen werden.

Betrachten wir ein Beispiel: Ein Leitartikel der Zeitschrift *Newsweek* („The Trouble with Boys") war gespickt mit Statistiken, die eine Benachteiligung von Jungen beweisen sollten. So hieß es: „Zwischen 1970 und 2000 fiel der Prozentsatz von männlichen Studenten um 24 %."[7] Das klingt bedenklich, aber was bedeutet es?

Offenbar beruhte diese Zahl auf folgender Überlegung: Im Jahre 1970 waren 58,8 % aller Studenten männlich, im Jahre 2000 nur noch 43,9 %. Der Unterschied zwischen diesen beiden Zahlen beträgt 14,9 % (58,8 minus 43,9), und 14,9 von 58,8 sind rund 25 %. (Vermutlich kommt die Differenz zwischen meinem Wert von 25 % und den 24 % der *Newsweek* daher, dass wir mit unterschiedlichen Datensätzen gerechnet haben.)

Folgt daraus, dass weniger Jungen auf die Universität gehen? Nein. Insgesamt nahm die Zahl der immatrikulierten männlichen Studenten in der Zeit von 1970 bis 2000 um 33 % zu. Doch bei den Frauen stieg die Zahl der Immatrikulationen wesentlich schneller, nämlich in derselben Zeitspanne um 143 %. Heißt das, es gehen im Verhältnis zur Gesamtbevölkerung weniger Männer auf eine Universität? Wieder nein. Die Anzahl immatrikulierter Studenten stieg stärker als die Gesamtbevölkerung (in dem angegebenen Zeitraum nahm die Anzahl der in den Vereinigten Staaten registrierten männlichen Bürger in der Altersgruppe zwischen 15 und 24 Jahren um nur 14 % zu).

Tatsächlich sagt uns diese sehr seltsame Statistik nur sehr wenig über die männlichen Studenten, dafür bringt sie die überdurchschnittliche Zunahme von Immatrikulationen weiblicher Studenten zum Ausdruck. Gerade in Bezug auf die Gleichstellung lassen sich Zahlen oft so verpacken, dass man mit ihnen jede beliebige Behauptung stützen kann. In solchen Fällen ist es sinnvoll, einen Schritt zurückzutreten und die Zahlen in einen breiteren Kontext zu stellen. So sollte man überlegen, wie sich die Bedingungen im Laufe der Zeit geändert haben.

H3 | Politische Auseinandersetzungen

Viel gestritten wird auch in der Politik. Nicht nur in Amerika hat die Politik oft den Anstrich eines Mannschaftssports, wobei Republikaner gegen Demokraten, Konservative gegen Liberale usw. antreten. Sobald ein Lager das Wort ergreift, fühlt sich das andere zum Widerspruch herausgefordert.

Im Mittelpunkt solcher Debatten stehen oft Statistiken; sie sind wichtig in der Politik, weil ihnen die Aura der objektiven Wahrheit anhaftet. Statistiken werden wie unanfechtbare Tatsachen ins Spiel gebracht: „Das belegen die Zahlen." Natürlich werden dabei sämtliche sozialen Rahmenbedingungen, unter denen eine Statistik entstanden ist, außer Acht gelassen: Definitionen, Messverfahren, Verpackung usw. Diese Bedingungen kommen aber sofort auf den Tisch, wenn die Zahlen des Gegners kritisiert, als subjektive Interpretationen diskreditiert oder sogar als schlichtweg falsch bezeichnet werden. Wenn es um politische Statistiken geht, wird ein erbitterter Kampf geführt. Es steht viel auf dem Spiel: Was ist, wenn die Öffentlichkeit den Zahlen des politischen Gegners Glauben schenkt?

 ### Achtung, aufgepasst!
Zahlen, die ins Zentrum politischer Argumentationen gestellt werden

Beispiel: Die Anzahl der Opfer im Irak-Krieg

Noch im Zweiten Weltkrieg konnte man den Verlauf der Kampfhandlungen durch einen Blick auf die Landkarte beurteilen: Der Vormarsch oder Rückzug von Streitkräften sagte alles. Heutzutage spielt die Geografie bei Konflikten nicht mehr die entscheidende Rolle, und man ist auf andere Messgrößen angewiesen, zum Beispiel die Opferzahlen.

Während des Vietnamkriegs begann die Regierung der Vereinigten Staaten, regelmäßig die Verluste an Menschenleben zu veröffentlichen. Damit sollte hauptsächlich die Anzahl der bei verschiedenen Aktionen getöteten Feinde dokumentiert werden. Die Zahlen zeigten meist, dass die Verluste unter den Feinden (Vietcong- und nordvietnamesischen Kämpfern) wesentlich größer waren als unter den Amerikanern und ihren südvietnamesischen Verbündeten, und schienen damit den in den Augen der Regierung erfolgreichen Fortgang des Krieges zu belegen. Als sich die Kampfhandlungen aber in die Länge zogen, begannen Kritiker den Wert der Statistiken in Zweifel zu ziehen. Stimmten die Zahlen überhaupt, und wenn ja, waren sie sinnvoll? War es ein Anzeichen für den baldigen Sieg, wenn der Feind besonders hohe Verluste verzeichnen musste? Statistiken über die Anzahl der Opfer waren zwar leicht verständlich, aber sagten sie überhaupt irgendetwas aus?

Ähnliche Probleme tauchten im Zusammenhang mit dem amerikanischen Engagement im Irak wieder auf. Was ist ein geeignetes Maß für Erfolg in bewaffneten Auseinandersetzungen? Und wieder: Woher wissen wir, ob die Zahlen stimmen und was sie wirklich aussagen? Die Zahl der verfügbaren Statistiken ist nicht sehr groß, und ihre genaue Bedeutung ist häufig unklar.

Die Regierung Bush betonte stets, der Krieg werde zum Wohle des irakischen Volkes geführt, und die amerikanische Armee sei bestrebt, die Zivilbevölkerung zu schonen. Die politischen Gegner konterten, durch die anhaltenden Kämpfe sei in Wahrheit bereits eine sehr große Anzahl von Zivilisten verwundet und getötet worden. Angaben über die Anzahl der irakischen Opfer wurden deshalb zum Gegenstand hitziger Diskussionen, und irgendwann gab das US-Militär dazu keine Statistiken mehr heraus.

In Friedenszeiten lässt sich vergleichsweise einfach und eindeutig ermitteln, wie viele Leute sterben, zumindest in Ländern mit einer halbwegs funktionierenden Bürokratie, die Sterbeurkunden ausstellt. Zählt man die Sterbeurkunden, weiß man ziemlich genau, wie viele Todesfälle tatsächlich zu verzeichnen waren. In Kriegszeiten bricht dieses System häufig zusammen. Im Irak werden zwar grundsätzlich Sterbeurkunden ausgestellt, aber, so wurde kritisiert, das System sei überlastet, weshalb sehr viele Todesfälle nicht registriert würden. Das nährte Vermutungen, es habe weit mehr zivile Opfer gegeben, als von offizieller Seite eingestanden wurde. Wie aber sollte man die getöteten Zivilisten zählen? Dazu wurden zwei Ansätze entwickelt.

Kernpunkt des einen Verfahrens ist die Verfolgung von Medienberichten. Eine Organisation mit dem Namen „Iraq Body Count" zählt laufend die Anzahl ziviler Opfer „durch Militäraktionen der Alliierten sowie durch militärische oder paramilitärische Aktionen gegen die Präsenz der Alliierten (wie Angriffe von Rebellen oder Terroristen)" sowie die zusätzlichen Toten durch „Straftaten aufgrund des Zusammenbruchs der öffentlichen Ordnung nach dem Einmarsch der Alliierten".[9] Diese Zählung stützt sich auf Berichte über entsprechende Todesfälle auf den Webseiten von reichlich 30 größeren Nachrichtenkanälen.

Das zweite Verfahren beruht auf Umfragen einer Ärztegruppe, die zum Beispiel im Jahr 2006 die Ergebnisse einer landesweiten repräsentativen Clusteranalyse von Menschen aus 1849 Haushalten vorstellte.[10] Die Methode bestand darin, im ganzen Land nach einem Zufallsverfahren Haushalte auszuwählen und dann Mitglieder angrenzender Haushalte (sogenannter Cluster) nach der Zahl der Todesfälle zu befragen. Diese Zahl wurde dann verglichen mit der durchschnittlichen Zahl der Toten in der Zeit vor dem Krieg, daraus wurde die Anzahl der zusätzlichen Toten berechnet (d. h. die Anzahl der Personen, die zusätzlich während – und vermutlich aufgrund – des Krieges gestorben sind).

Die Forschergruppe schätzte den Zuwachs an Todesfällen aufgrund des Krieges bis zum Juli 2006 auf insgesamt 654 965 Personen. Zu diesem Schätzwert wurden auch Fehlergrenzen angegeben: Mit 95 %iger Sicherheit starben infolge der Kampfhandlungen zwischen 393 000 und 943 000 Zivilisten. Schon die untere Grenze lag wesentlich höher als die Ergebnisse aller anderen Schätzungen einschließlich des „Iraq Body Count"-Projekts.

Die Behauptung, dass mit großer Wahrscheinlichkeit mehr als eine halbe Millionen Iraker ums Leben gekommen sind, wurde sehr kontrovers aufgenommen. Die Regierung Bush und ihre Anhänger lehnten sie rundweg ab. Obwohl Sozialwissenschaftler die verwendeten Verfahren grundsätzlich guthießen, verschob sich das öffentliche Interesse auf andere Themen, etwa den Bericht der Baker-Kommission zur Beurteilung der Situation im Irak Ende 2006 und die Aufstockung der amerikanischen Truppen im Irak 2007. Je mehr der Krieg kritisiert wurde, desto mehr Behauptungen und Gegenbehauptungen gab es auch zum Ausmaß der Gewalt im Irak. In einem Bericht der *Washington Post* vom September 2007 hieß es, nach Aussage eines hohen Geheimdienstbeamten wunderten sich die Analytiker, die für den Nationalen Geheimdienstbericht mit der Berechnung der Gewalt gegen Zivilisten betraut worden waren, über die Kriterien, nach denen das Militär einzelne Angriffe als Kampfhandlung, religiös motivierte Handlung oder Verbrechen einstufte. „Geht die Kugel durch den Hinterkopf, ist die Tat religiös motiviert, geht sie durch die Stirn, ist es ein Verbrechen", wurde der Beamte zitiert. „Je nachdem, welche Zahlen man nimmt, erhält man verschiedene Ergebnisse."[11] Natürlich machen es die chaotischen Verhältnisse bei der Erhebung der Daten (abgesehen davon, dass einige Behörden ihre Folgerungen auf geheime Berichte stützen) Außenstehenden schwer, die einzelnen Angaben gegeneinander abzuwägen.

Teil 3

**Allein im Daten-
dschungel. Wie
Sie fehlerhafte
Statistiken im
Alltag entlarven**

Zusammenfassung: Woran Sie verdächtige Daten erkennen

Dieser Leitfaden hat Ihnen die wichtigsten Indizien vorgestellt, auf die Sie am „Tatort Statistik" achten sollten. Beim Lesen von Statistiken ist es stets ratsam, die im Folgenden noch einmal zusammengefassten Verdächtigen im Auge zu behalten:

Hintergrund

- Die Zahlen scheinen *nicht zu den allgemein bekannten Richtwerten* (d. h. zu grundsätzlichen Fakten wie der Bevölkerungszahl) *zu passen* (B1).
- Besonders *erschreckende Beispiele* dienen als „Aufhänger" zur Beschreibung eines angeblich allgemeinen Problems (B2).

Pfusch

- Erscheinen Zahlen zu groß oder zu klein, kann ein *verschobenes Dezimalkomma* der Grund sein (C1).

- *Schlechte Erklärungen* „übersetzen" eine Statistik in die Alltagssprache, verfälschen dabei aber ihre Aussage (C2).
- *Irreführende Illustrationen* verschaffen dem Leser einen falschen (visuellen) Eindruck von Zahlen und Zahlenverhältnissen (C3).
- Durch *Achtlosigkeit beim Rechnen* werden falsche Ergebnisse erhalten (C4).

Quellen
- *Große runde Zahlen* können auf reinen Vermutungen beruhen (D1).
- *Superlative* („das Größte", „das Schwerste") deuten auf Übertreibungen hin (D2).
- *Unglaublich erschütternde Behauptungen* sind vielleicht wirklich unglaublich (D3).
- Die *emotionsgeladene Bezeichnung* eines Problems soll besonders betroffen machen (D4).

Definitionen
- *Breite Definitionen* führen zu großen Zahlen (E1).
- Die *Ausweitung einer Definition* lässt ein Problem größer erscheinen (E2).
- Die *Änderung der Definition* eines Problems erschwert Vergleiche über Zeiträume hinweg (E3).
- Die *einschränkende Definition* eines Problems könnte weniger problematische Fälle ausschließen (E4).

Kriterien

- Beim Lesen einer neuen Statistik lohnt es stets zu fragen: *Wie wurden die Kriterien gewählt?* (F1).
- *Ungewöhnliche Untersuchungseinheiten* können zu fragwürdigen Schlussfolgerungen führen (F2).
- *Suggestivfragen* können die Befragten zu gewünschten Antworten verleiten (F3).
- *Veränderungen der Messkriterien* können die Statistiken beeinflussen (F4).
- *Verschiedene Messverfahren* liefern unterschiedliche Ergebnisse (F5).

Verpackung

- Zahlen werden in einem *besonders beeindruckenden Format* präsentiert (Prozentzahlen für die verbreitetsten Probleme, absolute Zahlen für die weniger verbreiteten) (G1).
- *Nicht typische oder irreführend gewählte Stichproben* werden verallgemeinert (G2).
- Zur Betonung eines bestimmten Trends werden besonders günstige *Zeitfenster* betrachtet (G3).
- Prozentangaben beziehen sich auf eine *ungeeignete Basis* (G4).
- Die Zahlen beruhen auf einem *selektiven Vergleich* (es werden nur die Fälle berücksichtigt, die von einem Problem am ehesten betroffen sind) (G5).
- Es wird behauptet, ein *statistischer Meilenstein* sei überschritten (G6).
- Mit *Durchschnitt* kann der (arithmetische) Mittelwert, aber auch der Medianwert gemeint sein (G7).

- Scheinbare *Epidemien* lassen sich damit erklären, dass die Probleme nur mehr Aufmerksamkeit als zuvor erlangen (G8).
- *Korrelationen* werden als Beweise ursächlicher Zusammenhänge missdeutet (G9).
- Auch *bahnbrechende Entdeckungen* können sich als falsch erweisen (G10).

Debatten

- Einander *widersprechende Erklärungen* sehen für ein Problem verschiedene Ursachen (H1).
- Verschiedene Seiten sind sich nicht einig, was „*Gleichheit*" im sozialen Kontext bedeutet (H2).
- *Politische Entscheidungen* werden diskutiert (H3).

J

Bessere Statistiken: Wie sie aussehen sollten

Liest man einen Leitfaden wie diesen, kann man leicht den Eindruck gewinnen, alle Zahlen seien schlecht, weshalb man jede Statistik mit einer zynischen Grundhaltung betrachten und davon ausgehen sollte, dass sie nichts taugt. Das hilft jedoch nicht weiter. Unsere Welt ist kompliziert, und wir werden sie kaum verstehen, wenn wir ihre Eigenschaften nicht zu messen versuchen. Wir brauchen Statistiken – aber gut müssen sie sein, und möglichst genau.

Zu jeder Statistik gehört ein Rahmen aus Definitionen und Kriterien, die von Menschen festgelegt wurden. Hätten diese Menschen anders entschieden, wären die Zahlen andere. Das lässt sich nicht vermeiden; damit müssen wir leben. Doch wenn wir genügend darüber wissen, sind wir eher in der Lage, diese Kriterien zu bewerten und zu entscheiden, ob sie sinnvoll zu sein scheinen oder offensichtlich unsinnig sind. Während sich dieses Buch bisher auf die Warnzeichen (die charakteristischen Eigenschaften verdächtiger Daten) konzentriert hat, sollten wir nun auch überlegen, an welchen Zeichen eine gute Statistik zu erkennen ist, deren Zahlen wir eher trauen können.

1. Gute Statistiken geben die Methoden an, mit denen sie erstellt wurden

Wir sollten in Erfahrung bringen können, wie die Statistiken, die uns vorgesetzt werden, entstanden sind. Die meisten Statistiken werden zunächst in wissenschaftlichem Rahmen veröffentlicht, beispielsweise in einem Artikel in einer Fachzeitschrift oder einem Bericht einer Behörde. Dieser Originalbeitrag sollte sich auffinden lassen, und er sollte die Einzelheiten zu den Verfahren angeben, mit denen die Daten erstellt wurden. Anders gesagt: Wer auch immer das Bedürfnis hat, sollte nachschauen können, wie und nach welchen Kriterien die Wissenschaftler ihre Daten gesammelt haben. Mit diesen Informationen kann man als Leser die Bedingungen bewerten, unter denen die Statistik zustande kam. Im Idealfall sollten die Informationen ausreichen, um die Studie entweder exakt nachvollziehen zu können (um zu genau denselben Daten zu gelangen) oder eine zweite Studie mit etwas anderen Parametern vornehmen zu können, um zu sehen, wie sich diese Unterschiede in den Ergebnissen bemerkbar machen.

Im Alltag sehen wir Statistiken zwar in der Regel in Tageszeitungen oder Fernsehnachrichten, nicht der Originalfassung einer wissenschaftlichen Publikation, aber die Medien können Hintergrundinformationen durchaus an uns weitergeben. Je mehr Informationen wir bekommen, umso besser können wir die Daten beurteilen. In jedem Fall möchten wir gerne die Quelle erfahren. Bei einer

Umfrage ist wichtig, ob sie von einem unabhängigen Meinungsforschungsinstitut erstellt wurde (dessen Glaubwürdigkeit von seinem Ruf für Objektivität abhängt), oder ob es sich um die Arbeit einer bezahlten Agentur handelt, die mehr Interesse daran hat, genau die Daten zu liefern, die ihr Auftrag- (und Geld-)geber sich wünscht. Außerdem sollte angegeben sein, in welcher Bedeutung Begriffe verwendet wurden, denn auch Begriffe mit einer scheinbar offensichtlichen Bedeutung lassen sich auf seltsame Weise umdefinieren. Wir möchten gerne die Methoden und die Kriterien erfahren. Wie viele Personen wurden befragt? Welchen Wortlaut hatten die Fragen?

Von einem kurzen Medienbericht können wir nicht erwarten, dass all diese Fragen ausführlich beantwortet werden, aber je mehr Information wir erhalten, umso besser. Das Wichtigste ist die Quelle; so können wir im Zweifelsfall die notwendigen Einzelheiten selbst in Erfahrung bringen. Hier liegt ein großer Vorteil des Internets: Häufig gelangt man per Computer ohne viel Aufwand an die wissenschaftlichen Originalarbeiten. Damit sollten wir herausfinden können, wer die Zählung durchgeführt hat, welche Gründe dahinter steckten, was genau gezählt wurde, und so weiter.

2. Gute Statistiken entstehen in der Kontroverse

Viele Statistiken stammen von Gruppen oder deren Wortführern, die einen bestimmten Punkt beweisen wollen. Sie hoffen vielleicht, auf ein Problem aufmerksam machen zu können, das sie als wichtig ansehen und für vernachlässigt halten, und sie sehen die Statistik als Mittel, andere Menschen davon zu überzeugen, dass etwas unternommen werden muss. In dem Maße, in dem die Auftraggeber über Messverfahren und Kriterien entscheiden – was gezählt wird, wie gezählt wird, wie die Daten der Öffentlichkeit präsentiert werden –, haben sie es in der Hand, die Ergebnisse an ihre eigenen Ziele anzupassen. So entsteht zweifelhaftes Datenmaterial. Selbst wenn die Wortführer es vollkommen ehrlich meinen und davon überzeugt sind, dass ihre Zahlen genau der Situation entsprechen, fehlt ihnen mit großer Wahrscheinlichkeit die nötige Distanz, um diese Zahlen kritisch zu betrachten.

Aus diesem Grund ist es von Vorteil, wenn die Personen, die an der Erstellung einer Statistik beteiligt sind, verschiedene Meinungen vertreten. Viele behördliche Statistiken zum Beispiel sind Gegenstand hitziger Debatten. Die Leute können sich nicht einigen, wie man eine Volkszählung möglichst genau vornimmt oder wie man Armut und Arbeitslosigkeit misst. Häufig steht dabei einiges auf dem Spiel. Von der Bevölkerungszahl etwa hängen Parlamentssitze oder die Zuteilung von Mitteln aus dem Bundeshaushalt ab. In solchen Fällen wird die Methodik zur Erstellung der Statistik von unterschiedlichen Seiten beleuchtet, die Stärken und Schwächen verschiedener Verfahren werden diskutiert, und die Menschen können sich ein besseres Bild davon machen, wie man die Zahlen zu interpretieren hat.

Etwas Ähnliches sollte auch für wissenschaftliche Untersuchungen gelten. Wenn Forschungsergebnisse sehr rasch veröffentlicht werden, besteht immer die Gefahr der einseitigen Interpretation im ersten Überschwang, der auch (wie oben gesagt) die enthusiastischen Wortführer von

Kampagnen zum Opfer fallen können. Im Jahr 1989 verkündeten zwei Forscher auf einer Pressekonferenz, sie hätten in ihrem Labor eine kalte Kernfusion beobachtet. Mit diesem scheinbar bahnbrechenden Ergebnis erregten sie weltweit Aufsehen. Innerhalb weniger Monate fanden andere Wissenschaftler jedoch Fehler in dem ursprünglichen Experiment, und bald war man allgemein davon überzeugt, dass keine kalte Kernfusion stattgefunden haben konnte. Wissenschaftlicher Fortschritt ist meist ein sehr langwieriger Prozess, bei dem die Befunde unter Experten so lange diskutiert werden, bis sich nach und nach ein Konsens einstellt. Wenn in den Medien über spektakuläre wissenschaftliche Entdeckungen berichtet wird, sollte man immer vorsichtig sein, denn es kann Jahre dauern, bis sich die Experten über die wissenschaftliche Bedeutung der Arbeiten einig sind.

3. Gute Statistiken beruhen auf konsistenten Kriterien

Im Idealfall können wir mit Statistiken die Verhältnisse zu verschiedenen Zeitpunkten oder an verschiedenen Orten vergleichen. Wie haben sich Kriminalität, Armut oder Arbeitslosigkeit in den vergangenen Jahren entwickelt? Wie lassen sich die mathematischen Leistungen der Kinder in unseren Schulen mit denen in anderen Bundesländern oder anderen Staaten vergleichen? Solche Vergleiche sind fast unmöglich, solange sich die Personen, die diese Statistiken erstellen, nicht auf gemeinsame Definitionen und Kriterien geeinigt haben. Wenn Armut in jedem Jahr anders definiert wird oder Schulkinder an verschiedenen

Orten unterschiedliche mathematische Tests schreiben, lässt sich kaum feststellen, ob die Unterschiede in den erhobenen Zahlen etwas mit den tatsächlichen Verhältnissen zu tun haben.

Aus diesem Grund sind offizielle Statistiken, die von überregionalen Behörden in Auftrag gegeben werden, im Allgemeinen recht vertrauenswürdig. Sobald sich ein Institut einmal für einen methodischen Ansatz entschieden hat, verwendet es dasselbe Verfahren auch bei neuen Messungen. Einige Meinungsforschungsinstitute achten auch darauf, ihre Fragen immer ähnlich zu formulieren. Selbst wenn die Formulierungen Schwächen aufweisen, sind sie doch einheitlich, und es ist leichter nachzuvollziehen, ob sich die relative Häufigkeit bestimmter Antworten im Verlauf der Zeit geändert hat. Manchmal gibt es natürlich gute Gründe, die Verfahren oder Kriterien zu ändern, beispielsweise weil sich die Gesellschaft in wesentlichen Aspekten verändert hat (denken Sie an den Einfluss der Computer auf die Arbeitsbedingungen und die Wirtschaft). Solche Änderungen sollten jedoch nicht willkürlich oder nur wegen Kleinigkeiten erfolgen, und außerdem sollten die neuen Verfahren bekannt gemacht werden, sodass jeder sie verstehen kann.

Quintessenz

Gute Statistiken sind offen und öffentlich: Wir erfahren, woher sie kommen und wer sie erstellt hat, und sie sind in einem Prozess des Meinungsaustauschs entstanden, der zur Verfeinerung der Verfahren und Objektivierung der Kriterien beigetragen hat. Außerdem können wir mit guten Statistiken Situationen zu verschiedenen Zeitpunkten und an verschiedenen Orten vergleichen. Die Bedeutung solcher Zahlen ist leichter zu erkennen, ihre Stärken und Schwächen sind besser auszumachen. Demgegenüber sollten wir immer vorsichtig sein, wenn nicht deutlich wird, von wem, weshalb oder wie eine Statistik erstellt wurde, und wenn wir nicht sicher sein können, ob die gewählte Methodik zu verschiedenen Zeiten oder an verschiedenen Orten wirklich immer dieselbe war.

Wenn wir die Eigenschaften einer guten Statistik kennen, können wir leichter zwischen Daten unterscheiden, die unsere Aufmerksamkeit und unser Vertrauen verdienen, und solchen, bei denen Vorsicht geboten ist.

K

Nachwort: Wenn Sie keine Ahnung davon hatten, dass die Dinge so schlecht stehen, stehen sie im Allgemeinen auch nicht so schlecht

Jede Statistik ist das Produkt von Kriterien und Randbedingungen, festgelegt von den Leuten, die die Daten erheben, verarbeiten und zur Präsentation aufbereiten. Insbesondere bei Statistiken, die wir in den öffentlichen Medien finden, sind dies – darüber müssen wir uns im Klaren sein – nicht nur die eigentlichen Ersteller der Statistik, sondern auch Leute, die die Aufmerksamkeit der Medien auf die Geschichte lenken, und Journalisten, die beschließen, darüber zu berichten und sie in eine dafür geeignete Form zu verpacken. Weichen zwei Statistiken voneinander ab, dann liegt dies an Unterschieden von Kriterien und Messverfahren irgendwo in diesem Prozess: Forscher entscheiden sich, bestimmte Dinge aus einem bestimmtem Blickwinkel zu untersuchen; Stiftungen, Behörden und andere Sponsoren übernehmen die Kosten der Erhebung und Auswertung der Daten; Helfer sammeln die Daten und werten sie aus;

wieder andere Leute wählen einige Statistiken aus und
heben sie besonders hervor; Reporter, Journalisten und
Redakteure entscheiden, welche Geschichten einen Bericht
wert sind, und suchen die ihrer Meinung nach interessan-
testen Elemente heraus, und so weiter. Hinter jeder Zahl,
der wir in einer Nachricht begegnen, steckt ein kompli-
ziertes Geflecht sozialer Aktivitäten. Dessen sollten wir
uns bewusst sein.

Die Beispiele in diesem Buch verdeutlichen, dass die
Entscheidungen, die zu den Zahlen geführt haben, oft kri-
tikwürdig sind. Es kommt natürlich vor, dass uns Leute
mit ihren Zahlen bewusst täuschen wollen: Sie weisen vor-
sätzlich fehlerhafte Statistiken vor, um einen falschen Eindruck zu erwecken. In den meisten Fällen stecken hinter
schlechten Statistiken aber weitaus banalere Gründe: Entweder verstehen die Leute, die diese Zahlen berechnet
haben oder sie uns präsentieren, die Probleme selbst nicht,
oder sie lassen sich wenn auch nicht zur Lüge, so doch zur
Übertreibung verführen, damit ihre Zahlen besonders her-
vorstechen und Beachtung finden. Die Ehrlichkeit der
Quelle ist keine Garantie für die Richtigkeit der Zahlen.

Aus diesem Grund sollten wir jede Statistik mit einer
gewissen Skepsis betrachten und nie vergessen, dass diese
Zahlen von Menschen erstellt wurden – Menschen, die
ihre eigenen Ziele verfolgen; Menschen, die den eigenen
Zahlen, insbesondere wenn sie ihre Meinungen zu unterstützen scheinen, nicht mit dem notwendigen Abstand
gegenüberstehen; Menschen, die manchmal auch Fehler
machen. Etwas Zeit, die wir uns nehmen, um kritisch
über eine Statistik nachzudenken, kann sinnvoll investiert
sein.

Natürlich haben wir alle viel zu tun. Wir haben nicht genug Zeit, alle Kriterien und Entscheidungen hinter jeder Zahl im Einzelnen zu untersuchen. Wann sollten wir besonders vorsichtig sein?

Meiner Erfahrung nach sollte man einer Zahl besonders dann misstrauen, wenn man von ihr schockiert ist. Manchmal höre ich von einer Statistik und sage sofort zu mir: „Oje, ich hatte keine Ahnung, dass die Dinge *so* schlecht stehen!" Vor Jahren hatten, angeregt durch die öffentliche Berichterstattung, viele Eltern panische Angst davor, dass ihre Kinder verschwinden könnten; auch meine Frau und ich überlegten, wie wir unsere damals noch kleinen Söhne vor Entführern schützen konnten. Vor nur ein paar Jahren schien sich eine tödliche Vogelgrippe anzuschicken, sich in noch nie da gewesenem Ausmaß über die ganze Welt auszubreiten, und ich ertappte mich bei der Sorge um die Zukunft. In beiden Fällen war ich erschrocken über die Berichte, nach denen die Situation wesentlich schlimmer war, als ich es mir vorgestellt hatte.

Wenn Sie eine derartige Reaktion an sich feststellen, sollten Ihre Alarmglocken läuten. Passt eine Zahl so ganz und gar nicht zu unseren Erwartungen oder unserem Gefühl, wie es in der Welt zugeht, dann sollten wir nach dem Warum fragen. Vielleicht haben wir uns in einer heilen Welt abgekapselt, vielleicht haben wir uns etwas vorgemacht. Vielleicht sollten wir aber auch nur genauer auf die alarmierende Statistik schauen. Es gibt unzählige Gründe, die Öffentlichkeit mit Zahlen zu überraschen oder gar zu schockieren. Deswegen sollten wir uns davor hüten, jede Zahl, die uns vorgelegt wird, einfach hinzunehmen.

Unsere Welt ist kompliziert genug. Um die richtigen Entscheidungen zu fällen – sei es als Einzelpersonen, als Bürger, als Wähler oder als Verbraucher –, brauchen wir vernünftige Informationen über die Möglichkeiten, die wir haben. Wir haben es nicht nötig, uns von jeder gruseligen Statistik in Panik versetzen zu lassen, die des Weges kommt.

L

Anregungen für alle, die sich selbst detektivisch am Tatort Statistik betätigen wollen

Es sollte deutlich geworden sein, dass es an fragwürdigen Statistiken nicht mangelt: In jeder Zeitung, jedem Magazin und jeder Nachrichtensendung finden wir mit großer Wahrscheinlichkeit mindestens eine Zahl, bei der wir vorsichtig sein sollten. Zum Glück gibt es viele Leute, die sich mit der Auswertung von Statistiken beschäftigen und kritisch über die Rolle nachdenken, die Zahlen in unserer Gesellschaft spielen. Es folgt eine kleine Auswahl an Quellen, an denen Sie vielleicht Ihre Freude haben.

Internetseiten, die sich mit fragwürdigen Statistiken beschäftigen

The Numbers Guy: Carl Bialik untersucht zweimal im Monat für das *Wall Street Journal* in einer Kolumne bestimmte Statistiken; außerdem hat er eine Blog-Seite. Seine sorgfältig recherchierten Untersuchungen sind sowohl unterhaltsam als auch informativ. www.carlbialik. com/numbersguy.

Numberwatch: „Working to combat math hysteria" (frei übersetzt: "Kampf gegen die Mathe-Hysterie") heißt es auf der eigenwilligen Seite von John Brignell. Ein regelmäßiges Ereignis ist die „(Bad) Number of the Month", die (schlechte) Zahl des Monats. Viele der Beispiele stammen aus England. www.numberwatch.co.uk.

Political Arithmetics: „Where Numbers and Politics Meet" („Wo Zahlen auf die Politik treffen") ist ein Blog von Charles H. Franklin, einem Professor für Politische Wissenschaften an der Universität von Wisconsin. Fantastische Graphen und Analysen von neuen Umfragen zu politischen Themen. http://politicalarithmetik. blogspot.com.

STATS at George Mason University: Ehemals der Statistical Assessment Service (ein Service zur Bewertung von Statistiken). Jede Woche werden auf dieser Seite Zahlen aus den unterschiedlichsten Bereichen kritisch unter die Lupe genommen. Häufig sehr nützlich. www. stats.org.

The Straight Dope: In den wöchentlichen Kolumnen von Cecil Adams („der intelligenteste Mensch der Welt" – allerdings handelt es sich um ein Pseudonym) geht es oft um Statistiken. Sämtliche Beiträge lassen sich online durchsuchen. Sehr vergnüglich. www.straightdope. com.

Neuere Bücher über die Kunst der guten Präsentation von Zahlen

Jane E. Miller, *The Chicago Guide to Writing about Numbers* (Chicago: University of Chicago Press, 2004). Die Grundlagen.

Jane E. Miller, *The Chicago Guide to Writing about Multivariate Analysis* (Chicago: University of Chicago Press, 2005). Fortgeschrittene Statistik.

Naomi B. Robbins, *Creating More Effective Graphs* (New York: Wiley, 2005).

Internetseiten für alle, denen die Verbreitung statistischer Grundkenntnisse am Herzen liegt

National Numeracy Network: Eine neue Organisation, der die Förderung der breiten Allgemeinbildung einschließlich quantitativer Verfahren in allen Bereichen und auf allen Ebenen am Herzen liegt. Es geht nicht nur um Statistiken sondern um alle Formen von Rechenschwächen. http://serc.carleton.edu/nnn.

Statistical Literacy: Eine etablierte Internetseite von Milo Schield, dem Direktor des W.M. Keck Statistical Literacy Projects. Der Schwerpunkt liegt auf der Statistik mit Links zu speziellen Quellen für Ausbilder. www.statlit.org.

Eine kleine Auswahl von einschlägigen Webseiten und Büchern in deutscher Sprache:

Lügen mit Statistik: www.klein-singen.de/statistik

Hans-Hermann Dubben und Hans-Peter Beck-Bornholdt, *Der Hund, der Eier legt*, rororo, Reinbek, 2006.

Gerd Gigerenzer, *Das Einmaleins der Skepsis*, Berlin Verlag, Berlin, 2002.

Walter Krämer, *Statistik verstehen*, Piper, München 2010.

Walter Krämer, *So lügt man mit Statistik*, Piper, München 2000.

Danksagung

Zwei Personen gebührt mein besonderer Dank für ihre Unterstützung, damit dieses Projekt in Gang kam. Die Idee für einen Leitfaden zum Aufspüren zweifelhafter Statistiken stammt von meiner Lektorin, Naomi Schneider. Und als James Jasper noch das Magazin *Contexts* herausgab, bat er mich, für jede Ausgabe einen kurzen Kommentar zu einigen verdächtigen Zahlen beizutragen. Aus diesen Beiträgen stammen viele Beispiele, die ich überarbeiten und in dieses Buch aufnehmen konnte.

Joan Best, Aaron Kupchik, Kathe Lowney, Neil Lutsky, Victor Perez und Milo Schield haben das gesamte Manuskript gelesen, und von ihnen stammen wertvolle Anmerkungen. Außerdem danke ich den vielen Personen, die Beispiele vorgeschlagen oder bestimmte Abschnitte kommentiert haben. Ich bin mir nicht mehr sicher, woher jede einzelne Idee stammt, aber ich weiß, dass ich folgenden Personen besonders zu Dank verpflichtet bin: Carl Bialik, Aaron Fichtelberg, Tom James, Keith Johnson, Michael J. McFadden, Jeffrey D. Tatum und Dennis Tweedale.

Anmerkungen

A – Zweifelhafte Zahlen

1. David Cay Johnston, „New Rise in the Number of Millionaire Families," *New York Times*, 28. März 2006.
2. Frank Ahrens, „The Super-Rich Get Richer", *Washington Post*, 22. September 2006.
3. Joel Best, *Damned Lies and Statistics: Untangling Numbers from the Media, Politicians, and Activists* (Berkeley: University of California Press, 2001); und *More Damned Lies and Statistics: How Numbers Confuse Public Issues* (Berkeley: University of California Press, 2004).

B – Allgemeine Hintergründe

1. Brady E. Hamilton, Joyce A. Martin, Stephanie J. Ventura, Paul D. Sutton und Fay Menacker, „Births: Preliminary Data for 2004." *National Vital Statistics Reports* 54, Nr. 8 (29. Dezember 2005).
2. Arialdi M. Miniño, Melonie Heron, Sherry L. Murphy und Kenneth D. Kochanek, „Deaths: Final Data for 2004." *National Center for Health Statistics*, www.cdc.gov/nchs/products/pubs/pubd/hestats/finaldeaths04/finaldeaths04.htm; American Cancer Society, *Breast Cancer Facts and Figures, 2005–2006* (Atlanta: American Cancer Society, 2005); Centers for Desease Control and Prevention, *Cases of HIV Infection and AIDS in the United States, 2004*, Vol. 16 des *HIV/AIDS Sur-*

veillance Report, 2004 (Atlanta: U.S. Department of Health and Human Services, 2005).

3. U.S. Census Bureau, „Minority Population Tops 100 Million," news release, 17. Mai 2007, www.census. gov/Press-Release/www/releases/archives/population/010048.html.

4. Der *Statistical Abstract* lässt sich auf folgender Seite beziehen: www.census.gov/compendia/statab.

5. „Domestic Violence: When Love Becomes Hurtful!" Die Gesundheits-Webseite farbiger Frauen, http://blackwomenshealth.com/2006/articles.php?id=35.

6. Federal Bureau of Investigation (FBI), *Crime in the United States, 2005*, www.fbi.gov/ucr/05cius.

7. Adam Cohen, „Battle of the Binge", *Time*, 8. September 1997, 54–56.

8. Anne Fausto-Sterling, *Sexing the Body: Gender Politics and the Construction of Sexuality* (New York: Basic Books, 2000), 51.

9. Press for Change, www.pfc.org.uk.

10. Leonard Sax, „How Common is Intersex?" *Journal of Sex Research* 39 (2002): 174–78.

C – Pfusch

1. Cary Castagna, „Minister Mangles Suicide Sermon", *Edmonton Sun*, 21. Oktober 2006.

2. John Allen Paulos, *Innumeracy: Mathematical Illiteracy and Its Consequences* (New York: Random House, 1988).

3. Hillel Italie, „Potter Magic: Book Breaks Sales Records", *Associated Press*, 22. Juli 2007, www.forbes.com/feeds/ap/2007/07/22/ap3939011.html.

4. K.D. Kochanek, S. L. Murphy, R. N. Anderson und C. Scott, „Deaths: Final Data for 2002", *National Vital Statistics Reports* 53, Vol. 5 (Hyattsville, MD: National Center for Health Statistics, 2004).

5. British Heart Foundation, „BHF Comments on Smoke Free Legislation in Scotland", Pressemitteilung vom 24. März 2006, http://web.archive.org/web/20060326232034/www.bhf.org.uk/news/index.asp?secID=16&secondlevel=241&thirdlevel=1835.

6. „Smoking Ban to Clear the Air for Healthier Lives in Scotland", *This is North Scotland*, 3. März 2006, www.thisisnorthscotland.co.uk.

7. Naomi B. Robbins, *Creating More Effective Graphs* (New York: Wiley, 2005).

8. „Party, Play – and Pay: Multiple Partners, Unprotected Sex, and Crystal Meth", *Newsweek*, 28. Februar 2005, 36–39.

9. Eric Nagourney, „Sales Estimates Paint Portraits of Alcohol Abusers", *New York Times*, 2. Mai 2006. Der Forschungsbericht erschien in: Susan E. Foster, Roger D. Vaughan, William H. Foster und Joseph A. Califano Jr., „Estimate of the Commercial Value of Underage Drinking and Adult Abusive and Dependent Drinking to the Alcohol Industry", *Archives of the Pediatrics & Adolescent Medicine* 160 (2006): 473–78.

10. Andere Probleme mit den Zahlen in dieser Untersuchung werden diskutiert in: Rebecca Goldin, „Another Crazy Columbia Alcohol Study", STATS.org, überar-

beitet am 15. Januar 2007, www.stats.org/stories/another_crazy_columbia_may08_06.htm.

D – Quellen

1. „A Major Risk Factor for Birds: Building Collisions", *All Things Considered*, National Public Radio, 11. März 2005.

2. R. C. Banks, „Human Related Mortality of Birds in the United States", *U.S. Fish and Wildlife Service Special Scientific Report*, Wildlife Vol. 215, 1979.

3. Daniel Klem Jr., „Collisions Between Birds and Windows: Morality and Prevention", *Journal of Field Ornithology* 61 (1990): 120–28.

4. Chipper Woods Bird Observatory, „Modern Threats to Bird Populations", www.wbu.com/chipperwoods/photos/threats.

5. American Veterinary Medical Association, *U.S. Pet Ownership & Demographics Sourcebook* (Schaumburg, Il: AVMA, 2002).

6. E.L. Quarantelli, „Statistical and Conceptual Problems in the Study of Disasters", *Disaster Prevention and Management* 10 (2001): 325–38; Deborah S. K. Thomas, „Data, Data Everywhere, But Can We Really Use Them?", in *American Hazardscapes: The Regionalization of Hazards and Disasters*, Susan L. Cutter (Hrsg.), 61–76 (Washington, DC: Joseph Henry Press, 2001).

7. Suzanne Herel, „1906 Quakes Toll Disputed: Supervisors Asked to Recognize Higher Number Who Perished", *San Francisco Chronicle*, 15. Januar 2006; www.sfgate.com.

8. Denise Gess und William Lutz, *Firestorm at Peshtigo: A Town, Its People, and the Deadliest Fire in American History* (New York: Holt, 2002); Erik Larson, *Isaac's Storm: A Man, A Time, and the Deadliest Hurricane in History* (New York: Crown, 1999); David G. McCullough, *The Johnstown Flood* (New York: Simon and Schuster, 1986); Edward T. O'Donnell, *Ship Ablaze: The Tragedy of the Steamboat General Slocum* (New York: Broadway, 2003); Gene Eric Salecker, *Disaster on the Mississippi: The Sultana Explosion, April 27, 1865* (Annapolis, MD: Naval Institute Press, 1996).

9. Kim Curtis, „Murder: The Leading Cause of Death for Pregnant Women", *Associated Press*, 23. April 2003; Brian Robinson, „Why Pregnant Women Are Targeted", ABCNews.com, 24. Februar 2005, http://abcnews.com/print?id522184.

10. Isabelle L. Horon und Diana Cheng, „Enhanced Surveillance for Pregnancy Associated Mortality – Maryland, 1993–1998", *Journal of the American Medical Association* 285 (2001): 1455–59; Jeani Chang, Cynthia J. Berg, Linda E. Saltzman und Joy Henderson, „Homicide: A Leading Cause of Injury Deaths among Pregnant and Postpartum Women in the United States, 1991–1999", *American Journal of Public Health* 95 (2005): 471–77.

11. Keith Johnson, „Biostatistician or Women's Advocate: Adaptation in the Maternal Mortality Profession". Der Artikel wurde beim jährlichen Treffen der American Sociological Association in New York City im August 2007 vorgestellt.

12. H. Wechsler, A. Davenport, G. Dowdall, B. Moeykens und S. Castillo, „Health and Behavioral Consequences of Binge Drinking in College: A National Survey of Students at 140 Campuses", *Journal of the American Medical Association* 272 (1994): 1672–77.

13. „More U.S. Families Going Hungry", CBS News. com, 31. Oktober 2003, www.cbsnews.com/stories/2003/10/31/national/printable_581268.shtml.

14. Mark Nord, Margaret Andrews und Steven Carlson, *Household Food Security in the United States, 2005.* United States Department of Agriculture, Economic Research Report 29 (November 2006): iv, 9.

15. „Brother, Can You Spare a Word?", *New York Times*, 20. November 2006.

E– Definitionen

1. Der folgende Bericht ist ein Beispiel: „Study: 1 in 5 Students Practice Self-Injury", CNN.com, 5. Juni 2006. Die ursprüngliche Studie ist: J. Whitlock, J. Eckenrode und D. Silverman, „Self-Injurious Behaviors in a College Population", *Pediatrics* 117 (2006): 1939–48.

2. Joel Best, *Threatened Children: Rhetoric and Concern about Child-Victims* (Chicago: University of Chicago Press, 1990).

3. Valerie Jenness und Ryken Grattet, *Making Hate a Crime: From Social Movement to Law Enforcement* (New York: Russell Sage Foundation, 2001).

4. Sally Squires, „Optimal Weight Threshold Lowered: Millions More to Be Termed Overweight", *Washington Post*, 4. Juni 1998.

5. J. Eric Oliver, *Fat Politics: The Real Story Behind America's Obesity Epidemic* (New York: Oxford University Press, 2006).

6. U.S. Fish and Wildlife Service, „Secretaries Norton and Johanns Commend Gains in U.S. Wetlands", Pressemitteilung, 30. März 2006, 1.

7. Felicity Barringer, „Fewer Marshes + More Manmade Ponds = Increased Wetlands", *New York Times*, 31. März 2006.

8. T. E. Dahl, *Status and Trends of Wetlands in the Conterminous United States, 1998 to 2004* (Washington, DC: U.S. Department of the Interior, Fish and Wildlife Service, 2006), 15.

9. Mona Charen, „World of Teen Sex a Loveless Place", *Rocky Mountain News*, 10. August 1995.

10. Michael Males, „Teens and Older Partners", ETR Associates Resource Center for Adolescent Pregnancy Prevention, Mai 2004. www.etr.org/recapp/research/AuthoredPapOlderPrtnrso504.htm.

11. Jacqueline E. Darroch, David J. Landry und Selene Oslak, „Age Differences between Sexual Partners in the United States", *Family Planning Perspectives* 31 (Juli 1999): 160–67.

12. Males, „Teens and Older Partners".

F – Kriterien

1. „Hidden Grief Costs U.S. Businesses More Than $75 Billion Annually", *Business Wire*, 20. November 2002.
2. National Association of Counties, *The Meth Epidemic in America: The Criminal Effect of Meth on Communities* (Washington, DC: NACo, 2006).
3. Ralph A. Weisheit und Jason Fuller, „Methamphetamines in the Heartland", *Journal of Crime and Justice* 27 (2004): 131–51.
4. Jeanne Allen, „What Americans Really Think of School Choice", *Wall Street Journal*, 17. September 1996.
5. Jennifer Lee, „Clear Air No More for Millions as Pollution Rule Expands", *New York Times*, 13. April 2004.
6. Rob Stein, „Obesity Passing Smoking as Top Avoidable Cause of Death", *Washington Post*, 10. März 2004. Der ursprüngliche wissenschaftliche Artikel war: Ali H. Mokdad, James S. Marks, Donna F. Stroup und Julie L. Gerberding, „Actual Causes of Death in the United States, 2000", *Journal of the American Medical Association* 291 (2004): 1238–45.
7. Katherine M. Flegal, Barry I. Graubard, David F. Williamson und Mitchell H. Gail, „Excess Deaths Associated with Underweight, Overweight, and Obesity", *Journal of the American Medical Association* 293 (2005): 1861–67.
8. Ibid., 1861.

G – Verpackung

1. Scott Shane, „Data Suggests Vast Costs Loom in Disability Claims", *New York Times*, 11. Oktober 2006.

2. Grattan Woodson, *The Bird Flu Preparedness Planner* (Deerfield Beach, FL: Health Communications, 2005), vii.

3. Mike Davis, *The Monster at Our Door: The Global Threat of Avian Flu* (New York: New Press, 2005), 126; Hervorhebung im Original.

4. Woodson, *Bird Flu Preparedness*, 22.

5. Die Kriminalstatistik des Bundeskriminalamts findet man unter http://www.bka.de/pks/, für den periodischen Sicherheitsbericht des Bundesministeriums der Justiz und des Inneren siehe http://www.bmj.bund. de/files/-/368/periodischer%20 Sicherheitsbericht% 202001%20KURZ.pdf

6. Office of National Drug Control Policy, „Drug Facts: Marijuana", Dezember 2006, www.whitehousedrug-policy.gov/drugfact/marijuana/index.html.

7. National Institute on Drug Abuse, „NIDA InfoFacts: High School and Youth Trends", Dezember 2006, www.nida.nih.gov/infofacts/HSYouthtrends.html.

8. L. D. Johnston, P. M. O'Malley, J. G. Bachman und J. E. Schulenberg, *Monitoring the Future National Survey Results on Drug Use, 1975–2006: Volume I, Secondary School Students*, NIH Publication No. 07–6205 (Bethesda, MD: National Institute on Drug Abuse, 2007), 199–202.

9. Matthew B. Robinson und Renee G. Scherlen, *Lies, Damned Lies, and Drug War Statistics: A Critical Analysis of Claims Made by the Office of National Drug Control Policy* (Albany: State University of New York Press, 2007).

10. Sharon Jayson und Anthony DeBarros, „Young Adults Delaying Marriage: Data Show 'Dramatic' Surge in Single Twentysomethings", *USA Today*, 12. September, 2007.

11. Tallese Johnson und Jane Dye, „Indicators of Marriage and Fertility in the United States from the American Community Survey: 2000 to 2003", 2005, www.census.gov/population/www/socdemo/fertility/mar-fert-slides.html.

12. U.S. Census Bureau, „American FactFinder" 2006, Tabelle B12002, „Sex by Marital Status by Age for the Population 15 Years and Older", http://factfinder.census.gov.

13. A. M. Miniño, M. P. Heron und B. L. Smith, „Deaths: Preliminary Data for 2004", *National Vital Statistics Reports* 54, Vol. 19 (Hyattsville, MD: National Centers for Health Statistics, 2006).

14. Sam Roberts, „51 Percent of Women Are Now Living without Spouse", *New York Times*, 16. Januar 2007; Byron Calame, „Can a 15-Year-Old Be a 'Woman without a Spouse'?" *New York Times*, 11. Februar 2007.

15. Die faszinierende Geschichte, wie die Amerikaner gelernt haben, ihr eigenes Verhalten im Rahmen eines statistischen Durchschnitts zu lokalisieren, findet man in dem Buch von Sarah E. Igo, *The Averaged American: Surveys, Citizens, and the Making of a Mass Public* (Cambridge, MA: Harvard University Press, 2007).

16. Chris Isidore, „The Zero-Savings Problem", CNN Money.com, 3. August 2005, http://money.cnn.com/2005/08/02/news/economy/savings.

17. Ana M. Aizcorbe, Arthur B. Kennickell und Kevin B. Moore, „Recent Changes in U.S. Family Finances: Evidence for the 1998 and 2001 Survey of Consumer Finances", *Federal Reserve Bulletin*, Januar 2003.

18. Morton Ann Gernsbacher, Michelle Dawson und H. Hill Goldsmith, „Three Reasons Not to Believe in an Autism Epidemic", *Current Directions in Psychological Science* 14 (2005); 55–85.

19. National Center on Addiction and Substance Abuse at Columbia University, „The Importance of Family Dinners III", September 2006, www.casacolumbia. org.

20. John P.A. Ioannidis, „Contradicted and Initially Stronger Effects in Highly Cited Clinical Research", *Journal of the American Medical Association* 294 (2005): 218–28.

H – Debatten

1. Dieser Punkt wird ausführlicher behandelt in Joel Best, *More Damned Lies and Statistics: How Numbers Confuse Public Issues* (Berkeley: University of California Press, 2004), 79–83.

2. William J. Bennett, John J. DiIulio Jr. und John P. Walters, *Body Count* (New York: Simon & Schuster, 1996), 26.

3. Steven D. Levitt und Stephen J. Dubner, *Freakonomics: A Rogue Economist Explores the Hidden Side of Everything* (New York: Morrow, 2005).

4. Shankar Vedantam, „Research Links Lead Exposure, Criminal Activity", *Washington Post*, 8. Juli 2007.

5. Siehe beispielsweise Franklin E. Zimring, *The Great American Crime Decline* (New York: Oxford University Press, 2007).

6. Ein Beispiel für einen Versuch, die unterschiedlichen Behauptungen zu entwirren, findet man in Sarah O. Meadows, Kenneth C. Land und Vicki L. Lamb, „Assessing Gilligan vs. Sommers: Gender-Specific Trends in Child and Youth Well-Being in the United States, 1985–2001", *Social Indicators Research* 70 (2005), 1–52.

7. Peg Tyre, „The Trouble with Boys", *Newsweek*, 30. Januar 2006, 52.

8. National Center for Education Statistics, *Digest of Education Statistics, 2004*, Tabelle 173, 2005 http://nces.ed.gov.

9. Iraq Body Count, „The Iraq Body Count Project", 2007, www.iraqbodycount.org/background.php.

10. Gilbert Burnham, Riyadh Lafta, Shannon Doocy und Les Roberts, „Mortality after the 2004 Invasion of Iraq: A Cross-Section Cluster Sample Survey", *The Lancet* 368 (2006): 1421–28.

11. Karen DeYoung, „Experts Doubt Drop in Violence in Iraq: Military Statistics Called into Question", *Washington Post*, 6. September 2007.

Index

Printing: Ten Brink, Meppel, The Netherlands
Binding: Stürtz, Würzburg, Germany